本書の特色と使い方

この本は，算数の文章問題と図形問題を集中的に学習できる画期的な問題集です。苦手な人も，さらに力をのばしたい人も，１日１単元ずつ学習すれば30日間でマスターできます。

① 例題と「ポイント」で単元の要点をつかむ

各単元のはじめには，空所をうめて解く例題と，そのために重要なことがら・公式を簡潔にまとめた「**ポイント**」をのせています。

② 反復トレーニングで確実に力をつける

数単元ごとに習熟度確認のための「**まとめテスト**」を設けています。解けない問題があれば，前の単元にもどって復習しましょう。

③ 自分のレベルに合った学習が可能な進級式

学年とは別の級別構成（12級～１級）になっています。「**進級テスト**」で実力を判定し，選んだ級が難しいと感じた人は前の級にもどり，力のある人はどんどん上の級にチャレンジしましょう。

④ 巻末の「解答」で解き方をくわしく解説

問題を解き終わったら，巻末の「**解答**」で答え合わせをしましょう。「**解き方**」で，特に重要なことがらは「**チェックポイン**…に理解しながら学習を進めることができます。

文章題・図形 **2級**

本書に関する最新情報は，当社ホームページにある本書の「サポート情報」をご覧ください。（開設していない場合もございます。）

1日 約数と倍数(1)

縦125cm，横181cmの長方形の板の上に，右の図のように1cmの間をあけて，正方形のタイルをしきつめます。できるだけ大きな正方形のタイルでしきつめるとき，タイルの1辺の長さは何cmですか。

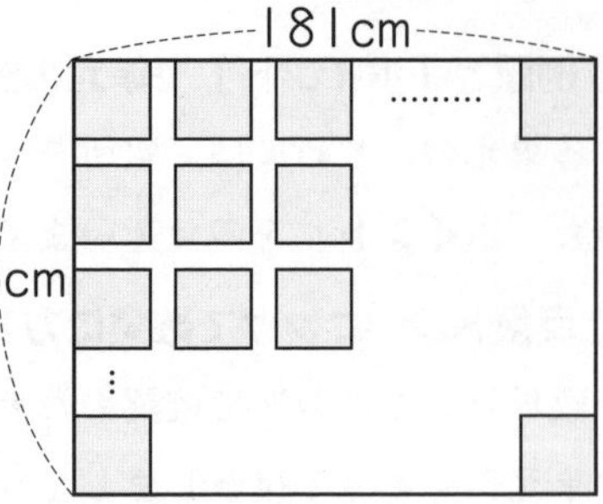

右下の図のように，実際に使うタイルよりも1辺が1cmずつ大きいタイルをすき間なくしきつめるとすると，縦，横ともに1cmずつはみ出ます。そこで，

縦[①　　]cm，横[②　　]cmの長方形で考えると，このタイルをはみ出ることなくなくしきつめることができます。

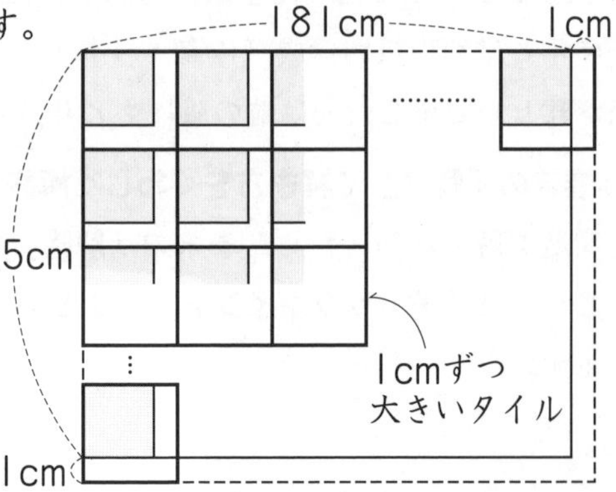

このタイル（できるだけ大きいもの）の1辺の長さは，[①　　]と[②　　]の最大公約数で，[③　　]cmです。したがって，実際に使うタイルの1辺の長さは，

[③　　]−1=[④　　]（cm）

ポイント 最大公約数を利用して求めます。

1 右の図のように，縦148cm，横92cmの長方形の板の上に，同じ大きさの正方形のタイルをならべて，板のはしとタイルおよびタイルとタイルの間のはばがすべて1cmになるようにします。できるだけ大きいタイルを使うとすると，タイルの1辺の長さは何cmですか。

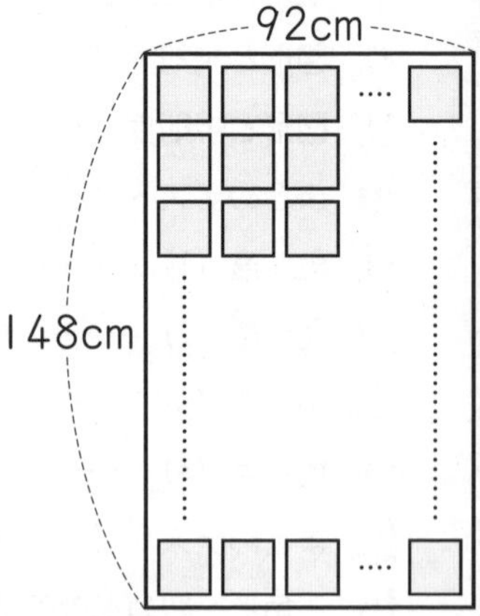

[　　　　]

2 縦 45m，横 63m の長方形の土地のまわりに，縦も横も同じ間かくで木を植えます。4 つのかどには必ず木を植え，木の太さは考えないものとします。

(1) 木の本数をできるだけ少なくするとき，木と木の間かくを何 m にすればよいですか。

(2) (1)のとき，木は何本必要ですか。

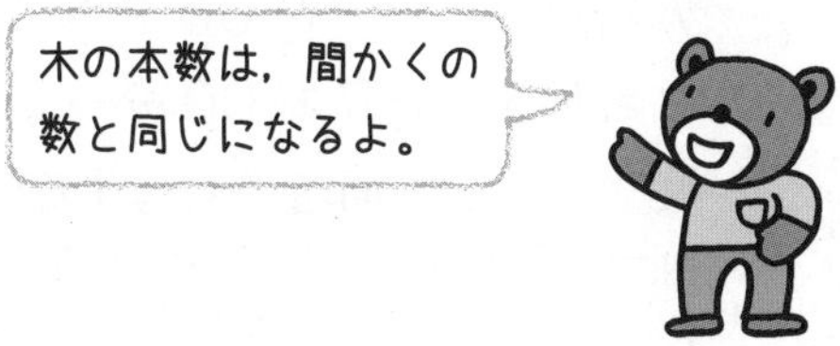

3 1 から 100 までの数字が書いてあるカードがそれぞれ 1 枚ずつあり，すべて表向きになっています。これらのカードに次のような操作をします。

1 の倍数のカードの裏表を逆にする。
次に，2 の倍数のカードの裏表を逆にする。
次に，3 の倍数のカードの裏表を逆にする。
……
最後に，100 の倍数のカードの裏表を逆にする。

(1) 操作が終わったとき，20 の数字が書いてあるカードは，表，裏のどちらを向いていますか。

(2) 操作が終わったとき，裏を向いているカードは何枚ありますか。

➡解答は 65 ページ　月　日

2日 約数と倍数 (2)

バスターミナルから，A 町行きのバスが 8 分ごとに，B 町行きのバスが 12 分ごとに発車します。ある日の午前 7 時に，それぞれのバスの始発が同時に発車しました。

(1) 次に，2 つのバスが同時に発車する時刻は，午前何時何分ですか。

2 つのバスが発車する時刻は，

A 町行き…… 7 時 00 分→ 7 時 08 分→ 7 時 16 分→ 7 時 24 分→……

B 町行き…… 7 時 00 分→ 7 時 12 分→ 7 時 24 分→ 7 時 36 分→……

よって，次に同時に発車する時刻は午前 7 時 24 分で，この 24 は，8 と 12 の ①[　　　　] になっています。

(2) この日の午後 9 時までに，2 つのバスが同時に出発することは，始発もふくめて全部で何回ありますか。

2 つのバスは ②[　　] 分ごとに同時に発車します。

午前 7 時から午後 9 時までの時間は，14 時間 = ③[　　] 分 だから，

始発を除くと，③[　　] ÷ ②[　　] = ④[　　]（回）同時に発車します。

したがって，始発をふくめると，⑤[　　] 回になります。

ポイント 最小公倍数ごとに，同じことがくり返されます。

1 A さんは 2 日おきに図書館に行きます。B さんは 3 日おきに同じ図書館に行きます。6 月 1 日の水曜日に，2 人が図書館で出会いました。

(1) 次に，2 人が図書館で出会うのは 6 月何日ですか。

[　　　　]

(2) 次に，2 人が図書館で出会う水曜日は何月何日ですか。

[　　　　]

2 整数を１，２，３，４，……と書いていき，３の倍数を○で囲みます。次に，残った数字の中から７の倍数を○で囲みます。

⑴ １から２１までの整数を書いたとき，○で囲まれた数は全部で何個ありますか。

⑵ １から２００までの整数を書いたとき，○で囲まれた数は全部で何個ありますか。

3 花火大会で，２種類の花火Ａ，Ｂが打ち上げられました。Ａの花火は２分ごとに，Ｂの花火は３分ごとに，それぞれ５０発ずつ打ち上げられました。午後８時に，２種類の花火が同時に１発目を打ち上げられたとして，花火がすべて打ち上げ終わるまでに，花火の音は何回聞こえますか。ただし，同時に打ち上げられた２つの花火の音は１つに聞こえるものとします。

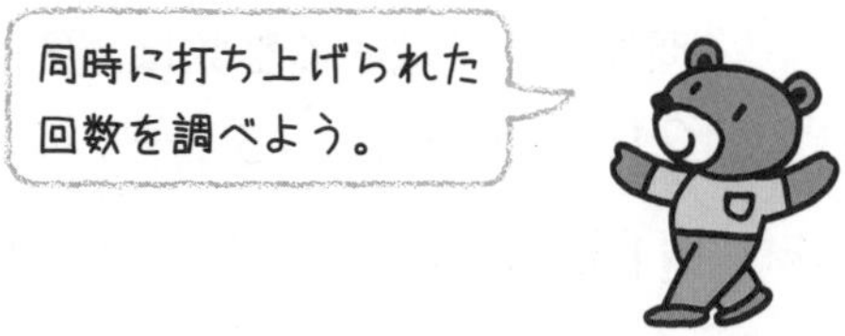

4 ふん水から，赤い水と青い水が出ています。赤い水は３秒間出て１秒間止まることをくり返し，青い水は４秒間出て２秒間止まることをくり返します。今，赤い水と青い水が同時にふき出しました。これを０秒として，次の問いに答えなさい。

⑴ 次に，赤い水と青い水が同時にふき出すのは何秒後ですか。

⑵ １００秒後までの間に，赤い水と青い水が同時に出ている時間の合計は何秒間ですか。

➡解答は 66 ページ　月　日

3日 約数と倍数 (3)

6 でわると 3 あまり，8 でわると 5 あまる整数があります。

(1) このような整数のうち，もっとも小さい整数を求めなさい。

6 でわると 3 あまる整数を小さい順に書いていくと，
3，9，15，21，27，33，39，45，……
8 でわると 5 あまる整数を小さい順に書いていくと，
5，13，21，29，37，45，53，61，……
これより，問題にあてはまるもっとも小さい整数は ① とわかります。

(2) このような整数のうち，300 にもっとも近い整数を求めなさい。

問題にあてはまる整数のうち，小さい方から 2 番目の整数は 45 で，これは 21 に 24 を加えたものになっています。24 は 6 と 8 の ② です。
問題にあてはまる整数は，21 に 24 を加えていってできる整数で，
21，45，69，93，……のようになります。
21+24×11=285，21+24×12=309 より，答えは ③ です。

ポイント もっとも小さい数を見つけると，あとは最小公倍数ごとに問題にあてはまる整数が出てきます。

1 4 でわると 3 あまり，5 でわると 1 あまる整数があります。

(1) このような整数のうち，もっとも小さい整数を求めなさい。

(2) このような整数のうち，小さい方から 2 番目の整数を求めなさい。

(3) このような整数のうち，300 にもっとも近い整数を求めなさい。

2 6でわると1あまり，9でわると7あまる整数があります。

(1) このような整数のうち，2けたでもっとも大きい整数を求めなさい。

(2) このような整数のうち，4けたでもっとも小さい整数を求めなさい。

3 7を加えると13でわり切れ，13を加えると7でわり切れる整数があります。

(1) このような整数のうち，もっとも小さい整数を求めなさい。

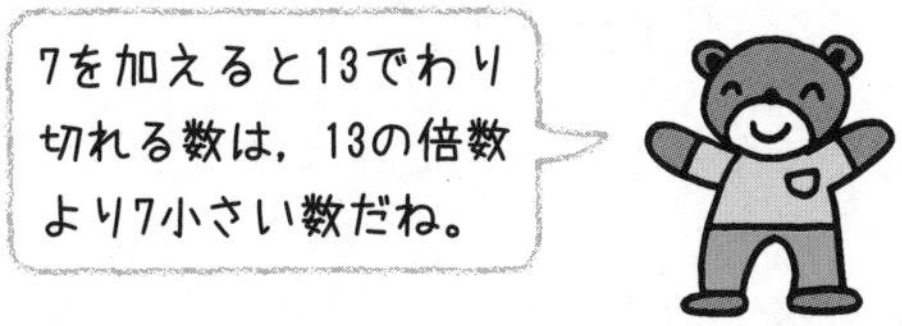

7を加えると13でわり切れる数は，13の倍数より7小さい数だね。

(2) このような整数のうち，300にもっとも近い整数を求めなさい。

4 一の位の数字が3で，7でわると1あまる整数があります。

(1) このような整数のうち，もっとも小さい整数を求めなさい。

(2) このような整数のうち，小さい方から5番目の整数を求めなさい。

➡解答は 67 ページ　月　日

4日 分数の問題

ある分数に，$\frac{35}{12}$ をかけても，$\frac{14}{15}$ をかけても，答えはどちらも整数になります。このような分数のうち，もっとも小さい分数を求めなさい。

求める分数を $\frac{□}{△}$ とします。

$\frac{□}{△}\times\frac{35}{12}$ が整数になるということは，$\frac{□}{△}\times\frac{35}{12}$ のように約分されて分母が ① になるということです。よって，□は 12 の倍数，△は ② の約数になっています。

$\frac{□}{△}\times\frac{14}{15}$ が整数になるということは，$\frac{□}{△}\times\frac{14}{15}$ のように約分されて分母が ① になるということです。よって，□は ③ の倍数，△は 14 の約数になっています。

以上のことから，□は 12 と ③ の公倍数，△は ② と 14 の公約数となりますが，$\frac{□}{△}$ をできるだけ小さい分数にするためには，分子の□はできるだけ小さく，分母の△はできるだけ大きくする必要があります。

したがって，□は 12 と ③ の最小公倍数，△は ② と 14 の最大公約数となるので，求める分数は ④ です。

ポイント 分子が小さく，分母が大きくなるほど，分数は小さくなります。

1 ある分数に，$2\frac{1}{16}$ をかけても，$3\frac{5}{24}$ をかけても，答えはどちらも整数になります。このような分数のうち，もっとも小さい分数を求めなさい。

2 分母が 30 で 1 より小さい分数 $\frac{1}{30}$, $\frac{2}{30}$, $\frac{3}{30}$, $\frac{4}{30}$, ……, $\frac{29}{30}$ について，次の問いに答えなさい。

(1) この中で，約分できない分数は何個ありますか。

(2) 約分できない分数の和を求めなさい。

3 分子と分母の和が 63 である分数があります。この分数の分子に 5 を加え，分母から 5 をひいてできる分数を約分すると $\frac{3}{4}$ になります。もとの分数を求めなさい。

4 分母が分子より 14 大きい分数があります。この分数の分子と分母にそれぞれ 15 を加えてできる分数を約分すると $\frac{2}{3}$ になります。もとの分数を求めなさい。

5 $\frac{1}{2}$ や $\frac{1}{5}$ のように，分子が 1 である分数を単位分数といいます。$\frac{7}{10}=\frac{1}{2}+\frac{1}{5}$ のように，$\frac{3}{8}$ を異なる 2 つの単位分数の和で表す方法を 2 つ答えなさい。

➡解答は 67 ページ
月　日

時間 30分【はやい25分・おそい35分】
合格 80点
得点　点

5日 まとめテスト (1)

1 縦 36m，横 45m の長方形の土地のまわりに，縦も横も同じ間かくで木を植えます。4 つのかどには必ず植え，木の太さは考えないものとします。(7 点× 2－14 点)

(1) 木の本数をできるだけ少なくするとき，木と木の間かくを何 m にすればよいですか。

(2) (1)のとき，木は全部で何本必要ですか。

2 次のそれぞれの問いに答えなさい。(7 点× 2－14 点)

(1) 7 でわっても 11 でわっても 3 あまる 2 けたの整数のうち，もっとも小さい整数を求めなさい。

(2) 4 でわると 2 あまり，7 でわると 5 あまる整数のうち，100 にもっとも近い整数を求めなさい。

3 ある整数で 133 をわると 7 あまり，420 をわると 6 あまります。(8 点× 2－16 点)

(1) このような整数は，何と何の公約数ですか。

(2) このような整数のうち，もっとも小さい整数を求めなさい。

4 縦 4cm，横 6cm の長方形の紙を同じ向きにすき間なくならべて正方形をつくるとき，小さい方から 3 番目の正方形をつくるには，長方形の紙が何枚必要ですか。（9 点）

5 次のそれぞれの問いに答えなさい。（9 点× 3－27 点）

(1) ある分数を，$\frac{4}{7}$ でわっても，$\frac{10}{21}$ でわっても，答えはどちらも整数になります。このような分数のうち，もっとも小さい分数を求めなさい。

(2) $\frac{7}{9}$ より大きく，$\frac{6}{7}$ より小さい分数のうち，分子が 13 である分数を求めなさい。

(3) 分子と分母の和が 50 である分数があります。この分数の分子と分母にそれぞれ 3 を加えてできる分数を約分すると $\frac{2}{5}$ になります。もとの分数を求めなさい。

6 1 から 50 までの数字が書いてあるカードがそれぞれ 1 枚ずつあり，すべて表向きになっています。まず，2 の倍数のカードの裏表を逆にし，次に，3 の倍数のカードの裏表を逆にしました。（10 点× 2－20 点）

(1) このとき，表を向いているカードは何枚ありますか。

(2) 次に，4 の倍数のカード，5 の倍数のカード，……と，順に同じ操作をして，最後に，50 の倍数のカードの裏表を逆にしました。このとき，表を向いているカードは何枚ありますか。

➡解答は 68 ページ　月　日

6日 規則性と周期性（1）

2，5，8，11，14，17，20，23，……のように，ある規則にしたがって数が並んでいます。

(1) はじめから 30 番目の数を求めなさい。

この数の列は，2 から始まって，3 ずつ増えています。
はじめから 2 番目の数＝2+3=5，
はじめから 3 番目の数＝2+3+3=8，
はじめから 4 番目の数＝2+3+3+3=11，
はじめから 5 番目の数＝2+3+3+3+3=14，
⋮
はじめから 30 番目の数＝$2+\underbrace{3+3+3+\cdots\cdots+3}_{3\text{が}29\text{個}}=2+3\times$ ① ＝ ②

ポイント はじめから□番目の数は，
最初の数 ＋ 次の数との差 ×（□ − 1） になります。

(2) 221 ははじめから何番目の数ですか。

221 がはじめから□番目だとします。
2+3×(□−1)=221，3×(□−1)=221−2，□−1=(221−2)÷3，
□=(221−2)÷3+1= ③ （番目）

(3) はじめから 30 番目までの数の和を求めなさい。

はじめから 30 番目までの和 ＝ 2 ＋ 5 ＋ 8 ＋ 11 ＋………＋ 86 ＋ 89
はじめから 30 番目までの和 ＝ 89 ＋ 86 ＋ 83 ＋ 80 ＋………＋ 5 ＋ 2
（反対にたすと）　　　　　　　 ‖ 91　‖ 91　‖ 91　‖ 91　　　‖ 91　‖ 91
つまり，はじめから 30 番目までの和を 2 つたすと，91×30=2730 になるから，
はじめから 30 番目までの和は，2730÷2= ④

ポイント 同じ数ずつ増えていく数の列の和は
（最初の数 ＋ 最後の数）×（個数）÷2 になります。

1 5，12，19，26，33，40，47，……のように，ある規則にしたがって数が並んでいます。

(1) はじめから45番目の数を求めなさい。

(2) 208ははじめから何番目の数ですか。

(3) 5+12+19+26+……+208はいくらになりますか。

2 4，7，10，13，16，19，……のように，ある規則にしたがって数が並んでいます。

(1) はじめから19番目の数と40番目の数をそれぞれ求めなさい。

19番目 [　　　]，40番目 [　　　]

(2) 20番目から40番目までの数の和を求めなさい。

3 1，1，3，1，3，5，1，3，5，7，1，3，5，7，9，1，……のように，ある規則にしたがって数が並んでいます。

(1) はじめから100番目の数を求めなさい。

(2) はじめから100番目までの数の和を求めなさい。

➡解答は 69 ページ　月　日

7日 規則性と周期性（2）

⑴ 1÷7 の計算を続けるとき，小数第 50 位の数字は何になりますか。

1÷7 の計算は右のようになって，小数点以下に 6 つの数「142857」がくり返し出てくることがわかります。

したがって，50÷［①　］＝［②　］あまり 2 より，小数第 50 位の数字は小数第［③　］位の数字と同じなので，答えは［④　］です。

```
     0.142857
  7)1.0
     7
     30
     28
      20
      14
       60
       56
        40
        35
         50
         49
          1
```

ポイント わり切れない計算では，小数点以下に同じ数字のならびがくり返されます。

⑵ 7×7×7×……×7 のように，7 を 50 個かけると，その答えの一の位の数字は何になりますか。

次のように，一の位の数字だけを見ると，「7，9，3，1」の 4 つの数のくり返しになることがわかります。

7，7×7→9，7×7×7→9×7→3，7×7×7×7→3×7→1，7×7×7×7×7→1×7→7

50÷［⑤　］＝［⑥　］あまり 2 より，7 を 50 個かけた答えの一の位の数字は，7 を［⑦　］個かけた答えの一の位の数字と同じなので，答えは［⑧　］です。

ポイント 一の位の数の規則性を見つけます。

1 次のそれぞれの問いに答えなさい。

⑴ 2÷7 の計算を続けるとき，小数第 100 位の数字は何になりますか。

［　　　　］

⑵ ⑴のとき，小数第 100 位までの数字の和を求めなさい。

［　　　　］

2 次のそれぞれの問いに答えなさい。

(1) 3×3×3×……×3 のように，3 を 30 個かけると，その答えの一の位の数字は何になりますか。

(2) 7×7×7×……×7 のように，7 を 77 個かけると，その答えの十の位の数字は何になりますか。

3 はじめの 5 つの数を (1，2，3，4，5) として，次のように，1 回ごとに，1 を 4 に，2 を 3 に，3 を 2 に，4 を 5 に，5 を 1 に変えていきます。

(1，2，3，4，5) → (4，3，2，5，1) → (5，2，3，1，4) →……

(1) 6 回変えたときの 5 つの数を求めなさい。

(2) 50 回変えたときの 5 つの数を求めなさい。

4 親指を 1，人差し指を 2，中指を 3，薬指を 4，小指を 5，薬指を 6，中指を 7，人差し指を 8，親指を 9，人差し指を 10，中指を 11，……というように，親指から小指までの指を往復しながら，同じ指は 2 度続けないようにして数えていきます。

(1) 20 回目の小指の数は何ですか。

(2) 500 はどの指を数えた数ですか。

➡解答は 70 ページ　月　日

8日 図形と規則性 (1)

次の図のように，1 辺が 1cm の正方形を規則的に並べていきます。

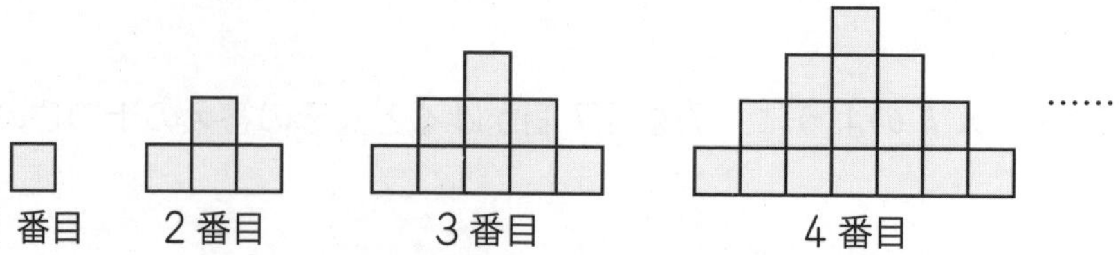

(1) 10 番目の図形には何個の正方形が並んでいますか。

例えば，4 番目の図形を次のように形を変えると，4×4=16（個）の正方形が並んでいることがすぐにわかります。

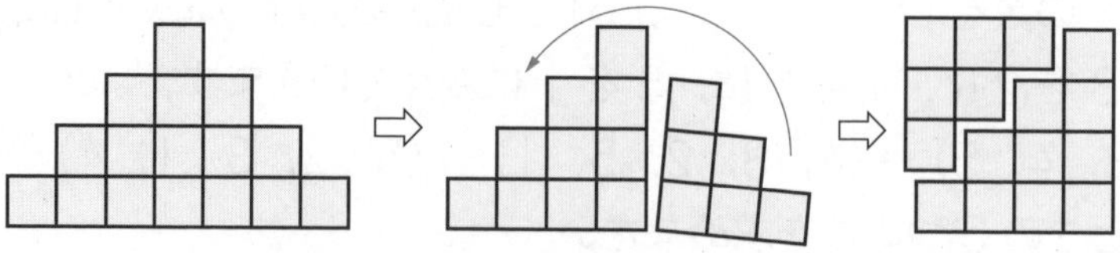

10 番目の図形についても同じようにして形を変えてやると，並んでいる正方形の個数は，［①　　］×［②　　］＝［③　　］（個）

(2) 10 番目の図形のまわりの長さは何 cm ですか。

図形の番号とまわりの長さを調べて表にすると，右のようになります。

図形の番号	1	2	3	4	……
まわりの長さ（cm）	4	10	16	22	……

すると，まわりの長さは，4cm から始まって 6cm ずつ増えていくことがわかります。（念のため，5 番目の図形をかいて確認しておきましょう。）

これより，10 番目の図形のまわりの長さは，4+6×［④　　］＝［⑤　　］（cm）

ポイント 数値の関係を表にまとめると，規則が見えてきます。

1 上の図のように正方形を並べるとき，まわりの長さが 100cm になる図形の面積は何 cm^2 ですか。

2 次の図のように，１辺が１cm の青い正方形と白い正方形を規則的に並べていきます。

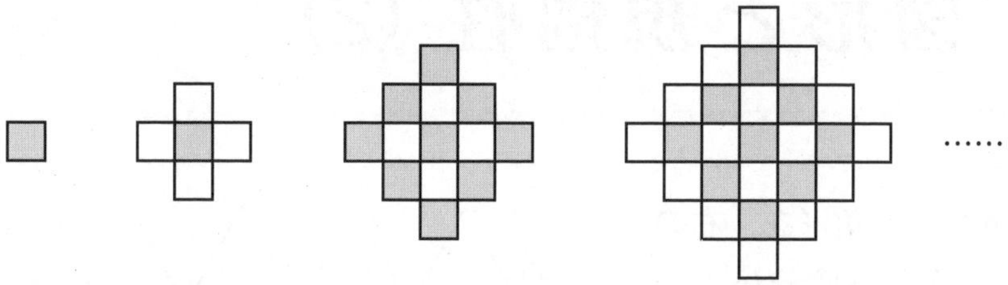

１番目　２番目　３番目　４番目

⑴ 10 番目の図形にはそれぞれ何個の青，白の正方形が並んでいますか。

青 ＿＿＿＿，白 ＿＿＿＿

⑵ 10 番目の図形の直線の長さの合計は何 cm ですか。

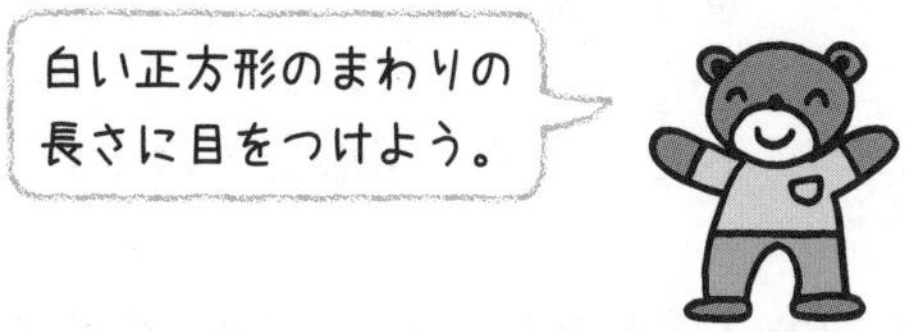

白い正方形のまわりの
長さに目をつけよう。

⑶ 並んでいる青と白の正方形の個数の差が 25 個であるのは，何番目の図形ですか。

3 次の図のように，青い正三角形と白い正三角形を規則的に並べていきます。

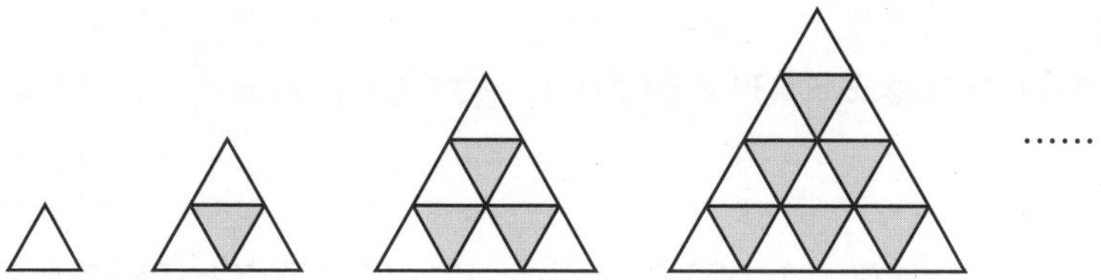

１番目　２番目　３番目　４番目

⑴ 10 番目の図形にはそれぞれ何個の青と白の正三角形が並んでいますか。

青 ＿＿＿＿，白 ＿＿＿＿

⑵ 91 個の白い正三角形が並んでいる図形には，何個の青い正三角形が並んでいますか。

➡解答は 70 ページ　月　日

9日 図形と規則性 (2)

I 辺が 3cm の正三角形を，右の図のように，重なる部分が I 辺 Icm の正三角形になるように，重ねていきます。

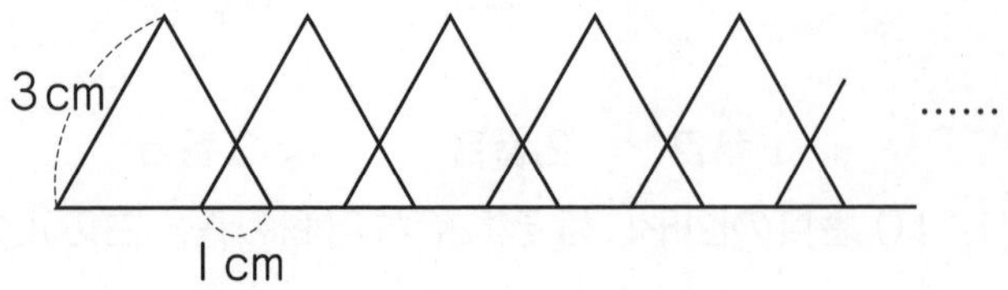

(1) I5 個重ねたとき，図形全体のまわりの長さは何 cm ですか。

正三角形 I 個のまわりの長さは 9cm だから，I5 個で 9×I5=I35 (cm) です。
正三角形を重ねるとき，重なる部分のまわりの長さは I か所につき 3cm です。
重なる部分は ① か所あるので，全部で 3× ① = ② (cm) あります。
したがって，図形全体のまわりの長さは，③ − ② = ④ (cm)

(2) I5 個重ねたとき，図形全体の面積は I 辺が Icm の正三角形の面積の何倍ですか。

I 辺が 3cm の正三角形 I 個の面積は，I 辺が Icm の正三角形の面積の ⑤ 倍です。I 辺が 3cm の正三角形 I5 個の面積は，I 辺が Icm の正三角形の面積の ⑥ 倍ですが，重なる部分が I か所につき I 個分あるので，⑥ −I× ① = ⑦ (倍)

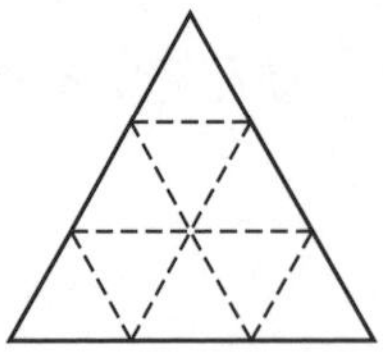

ポイント 重なりの数は正三角形の数より I 小さくなります。

1 I 辺が 4cm の正方形を，次の図のように，正方形の頂点と辺が交わるように重ねていきます。I0 個重ねたとき，図形全体の面積は何 cm^2 ですか。

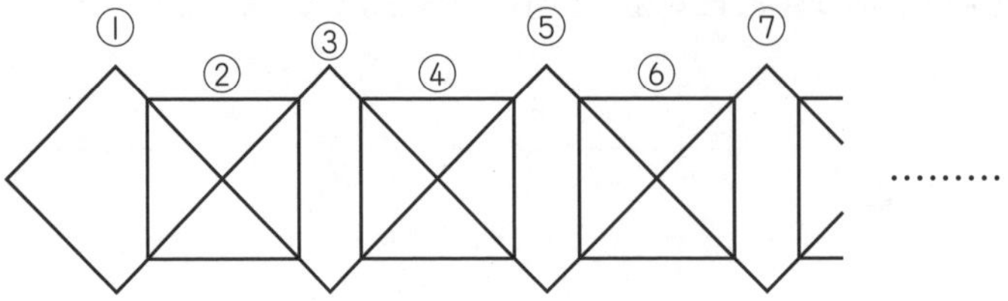

2 1辺が5cmの正方形を，右の図のように，重なる部分が1辺2cmの正方形になるように重ねていきます。

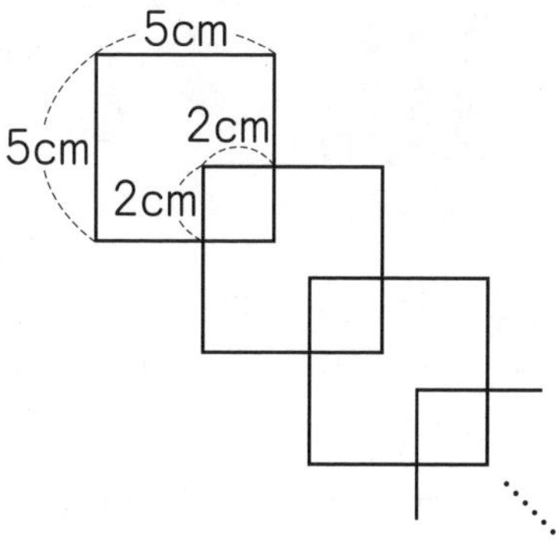

(1) 28個重ねたとき，図形全体の面積は何cm^2ですか。

(2) 図形全体の面積が403cm^2になるように重ねたとき，図形全体のまわりの長さは何cmですか。

3 等しい辺の長さが3cmの直角二等辺三角形を，右の図のように1cmずつずらして重ねていきます。

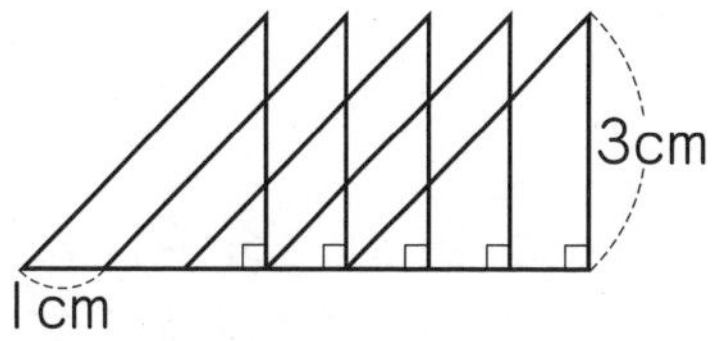

(1) 5個重ねたとき，図形全体の面積は何cm^2ですか。

(2) (1)のとき，2重に重なっている部分の面積の合計は何cm^2ですか。

(3) 15枚重ねたとき，2重に重なっている部分の面積の合計は何cm^2ですか。

4 半径3cmの円を，次の図のように，それぞれとなりの円の中心を通るように20個重ねたとき，図形全体のまわりの長さは何cmですか。円周率は3.14とします。

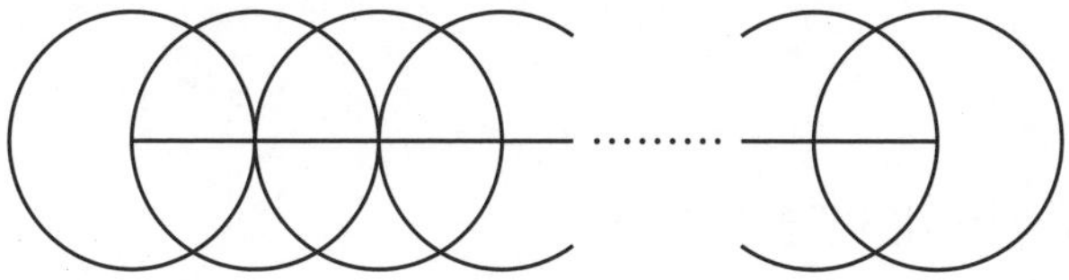

10日 まとめテスト (2)

➡解答は 71 ページ

月　日

時間 30分【はやい25分・おそい35分】　得点

合格 80点　点

1 $\frac{1}{2}$, $\frac{3}{5}$, $\frac{5}{8}$, $\frac{7}{11}$, $\frac{9}{14}$, ……のように，ある規則にしたがって，分数が並んでいます。(8点×2−16点)

(1) はじめから 15 番目の分数を求めなさい。

(2) 分子が 77 である分数の分母はいくらですか。

2 1，2，1，3，2，1，4，3，2，1，5，4，3，2，1，……のように，ある規則にしたがって数が並んでいます。(9点×2−18点)

(1) はじめから 50 番目の数を求めなさい。

(2) はじめから 50 番目までの数の和を求めなさい。

3 1，1，2，1，1，2，3，2，1，1，2，3，4，3，2，1，……のように，ある規則にしたがって数が並んでいます。(9点×2−18点)

(1) はじめから 100 番目までの数の和を求めなさい。

(2) はじめから 100 番目までに 3 は何個出てきますか。

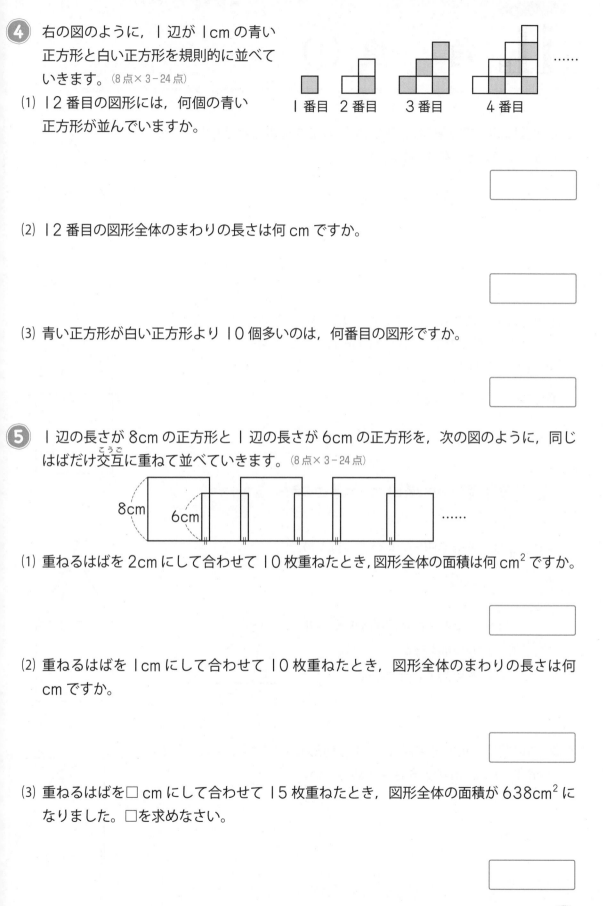

4 右の図のように，１辺が１cmの青い正方形と白い正方形を規則的に並べていきます。(8点×3−24点)

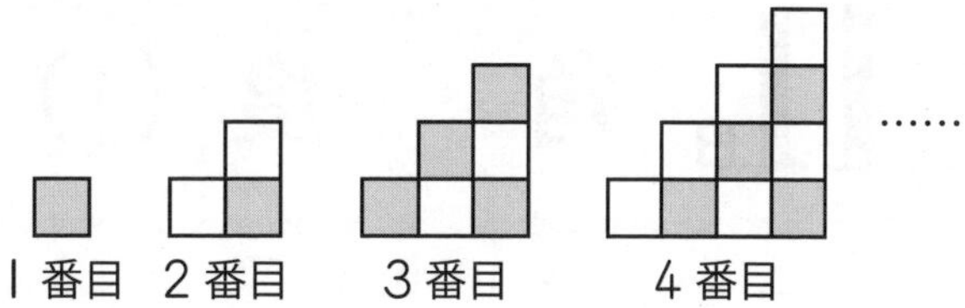

(1) 12番目の図形には，何個の青い正方形が並んでいますか。

(2) 12番目の図形全体のまわりの長さは何cmですか。

(3) 青い正方形が白い正方形より10個多いのは，何番目の図形ですか。

5 １辺の長さが8cmの正方形と１辺の長さが6cmの正方形を，次の図のように，同じはばだけ交互(こうご)に重ねて並べていきます。(8点×3−24点)

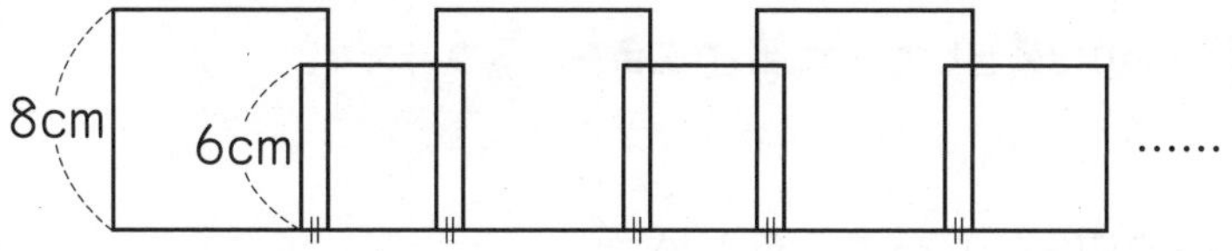

(1) 重ねるはばを2cmにして合わせて10枚重ねたとき，図形全体の面積は何cm^2ですか。

(2) 重ねるはばを１cmにして合わせて10枚重ねたとき，図形全体のまわりの長さは何cmですか。

(3) 重ねるはばを□cmにして合わせて15枚重ねたとき，図形全体の面積が$638cm^2$になりました。□を求めなさい。

➡解答は 72 ページ　　月　　日

11日 角　度 (1)

右の図は，正方形 ABCD と正三角形 ADE を組み合わせたものです。角 x，y の大きさを求めなさい。

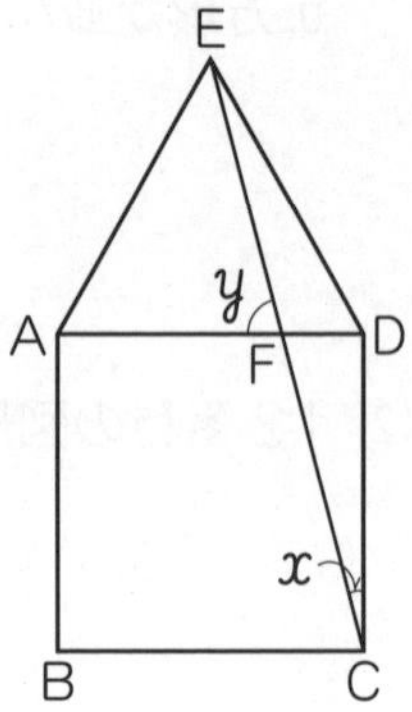

長さの等しい辺に印をつけると，DE＝DA，DA＝DC から，DE＝DC となるので，三角形 CDE は二等辺三角形で，角 DEC＝角 DCE＝x です。

角 CDE＝① □°＋60°＝② □°

だから，x＝(180°－② □°)÷2＝③ □°

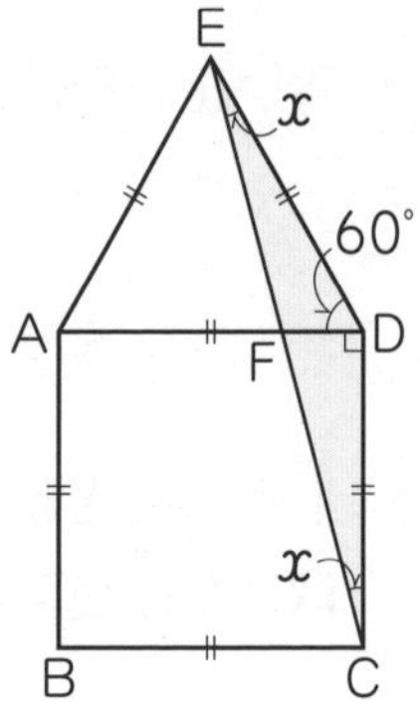

ポイント 等しい辺に着目して，二等辺三角形を見つけます。

次に，y は三角形 DEF の 1 つの外角なので，

y＝④ □°＋60°＝⑤ □°

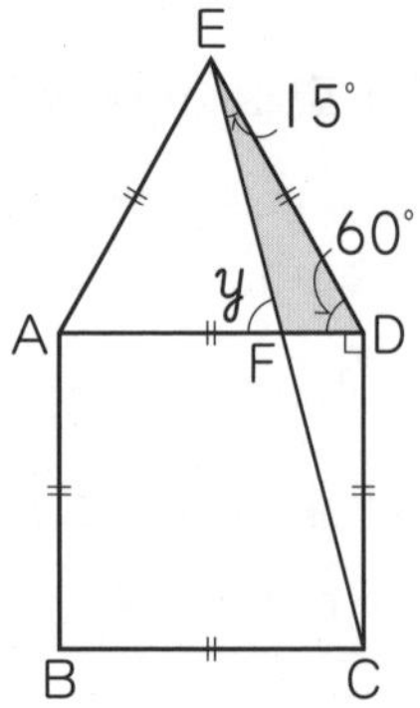

ポイント 三角形の内側の角を内角，外側の角を外角といいます。右の図で，$x=a+b$

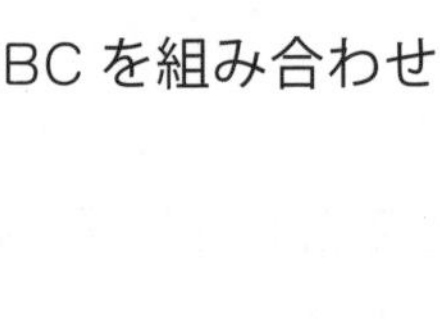

1 右の図は，正方形 ABCD と正三角形 EBC を組み合わせたものです。角 x，y の大きさを求めなさい。

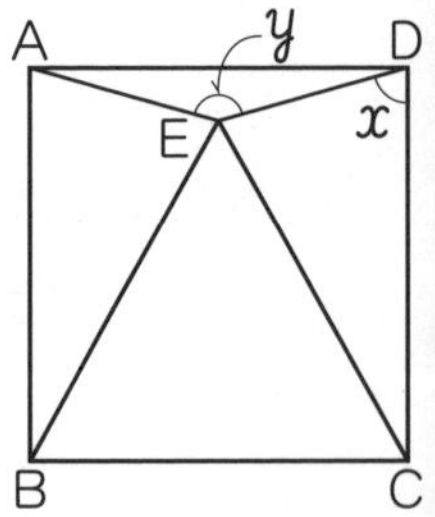

□

2 右の図は，正五角形 ABCDE と正方形 FCDG を組み合わせたものです。角 x，y の大きさを求めなさい。

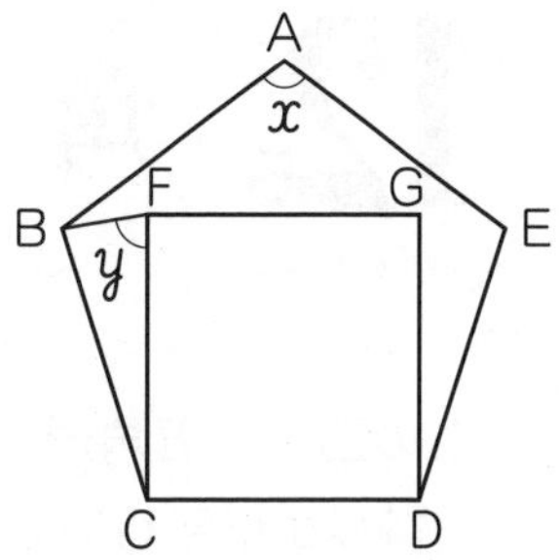

3 右の図の三角形 DEC は，三角形 ABC を C を中心として 40° 回転させたもので，E が辺 AB 上にあります。角 x，y の大きさを求めなさい。

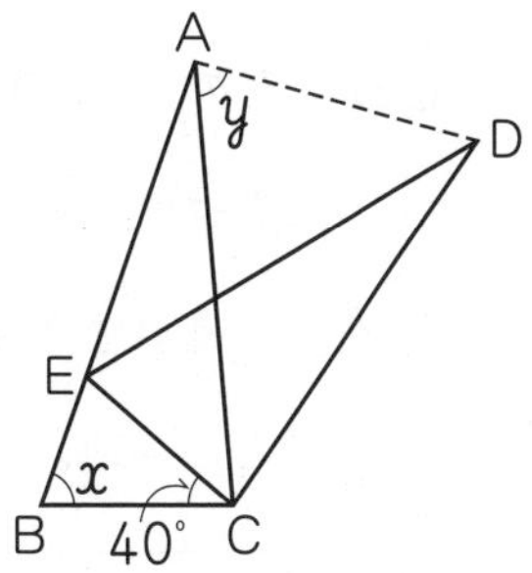

4 右の図で，三角形 ABC は正三角形，三角形 ACD は二等辺三角形で，AC=AD です。角 x，y の大きさを求めなさい。

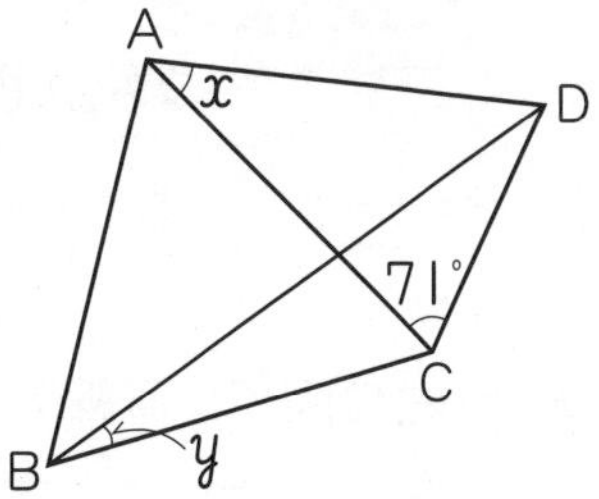

5 右の図で，AB=BC=CD=DE=EF です。角 x，y の大きさを求めなさい。

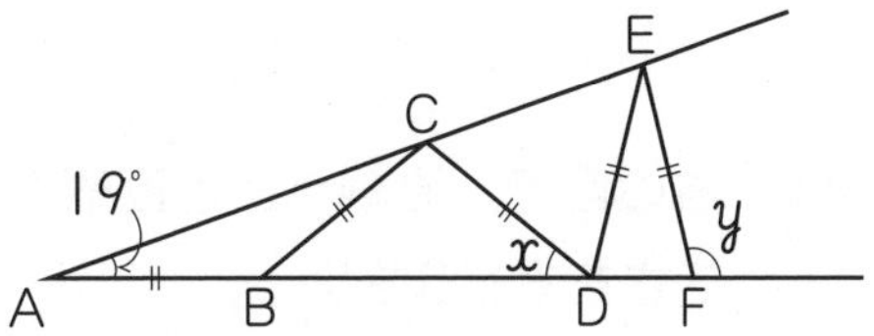

➡解答は 72 ページ　月　日

12日 角　度 (2)

右の図で，五角形 ABCDE は正五角形，直線アイと直線ウエは平行です。角 x の大きさを求めなさい。

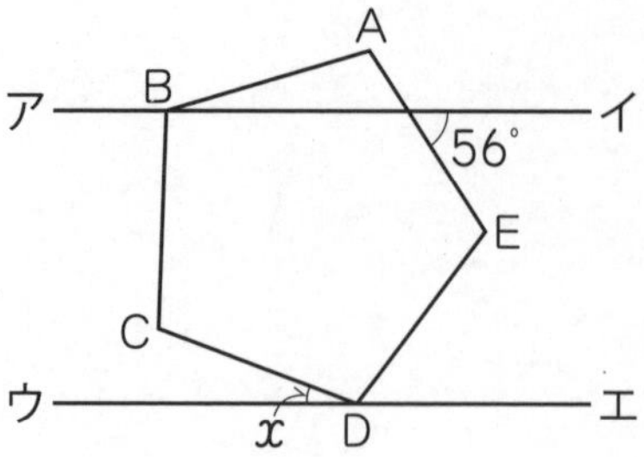

正五角形の 5 つの角の和は ① ° だから，1 つの角は ② ° です。E を通って，アイやウエと平行な直線をひくと，右の図のように等しい角ができます。角 AED= ② ° だから，

□°= ② °−56°= ③ °

したがって，x=180°−108°− ③ °= ④ °

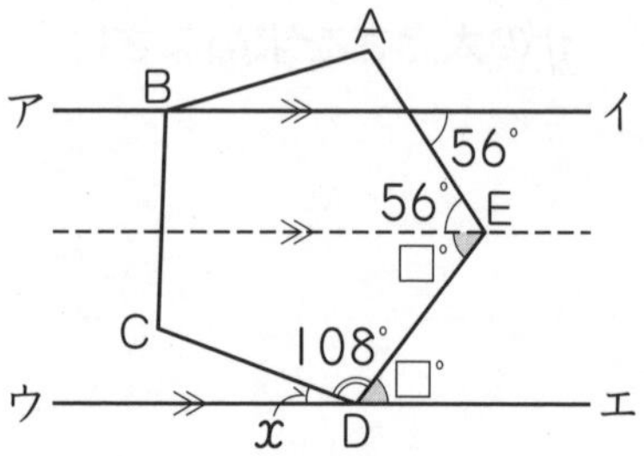

ポイント 右の図のように，2 本の平行な直線と 1 本の直線が交わるとき，同じ印のついた角は等しくなります。

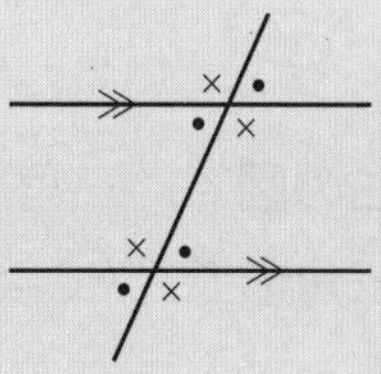

1 右の図で，直線アイと直線ウエは平行，AB=AC です。角 x の大きさを求めなさい。

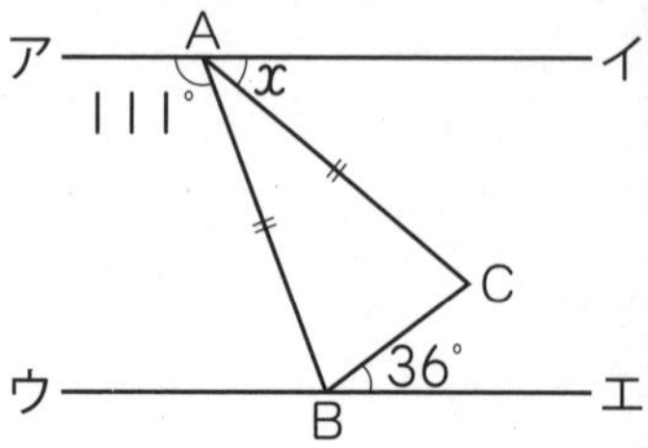

2 右の図で，直線 AB と直線 EF は平行です。角 x の大きさを求めなさい。

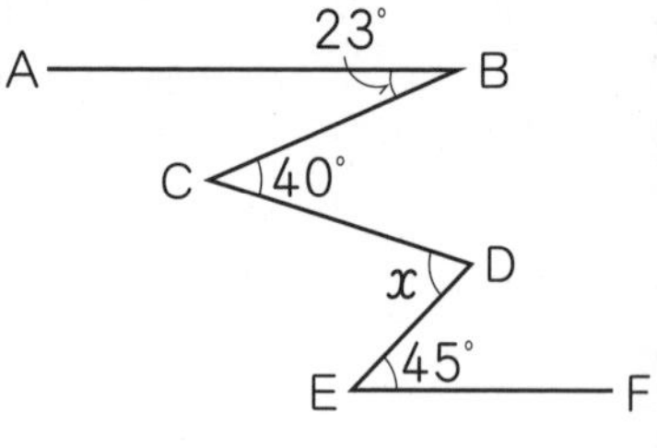

3 右の図で，六角形 ABCDEF は正六角形，直線アイと直線ウエは平行です。

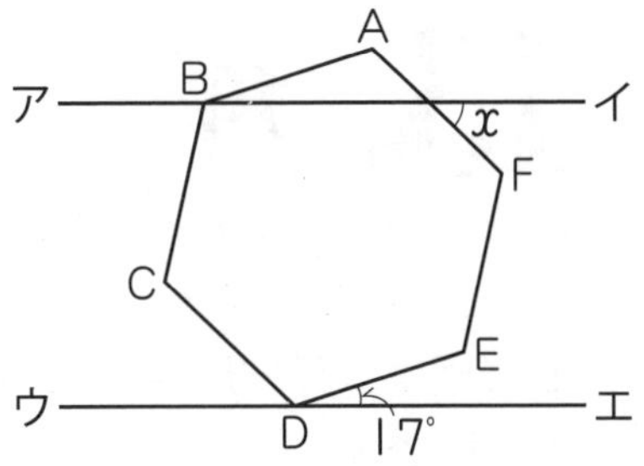

(1) 正六角形の１つの角の大きさは何度ですか。

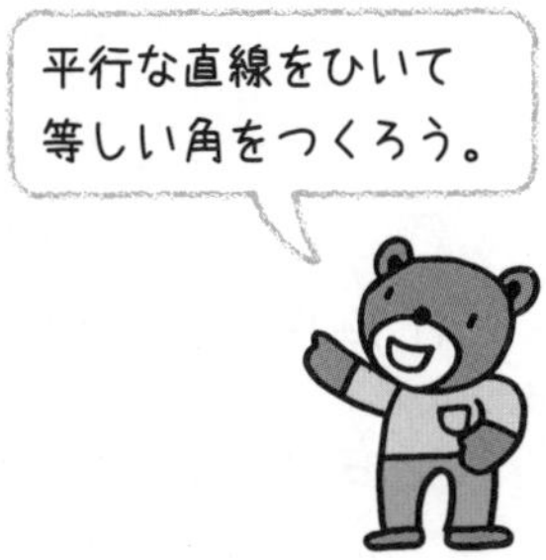

(2) 角 x の大きさを求めなさい。

4 右の図で，四角形 ABCD はひし形，三角形 EBC は正三角形です。角 x の大きさを求めなさい。

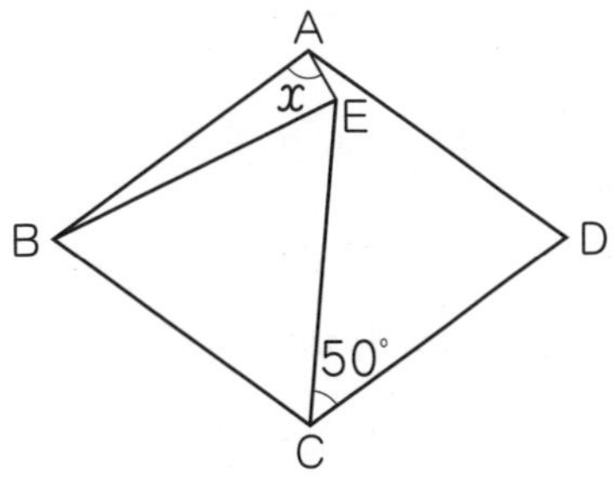

5 右の図は，長方形の中に，正五角形と正六角形をかいたものです。

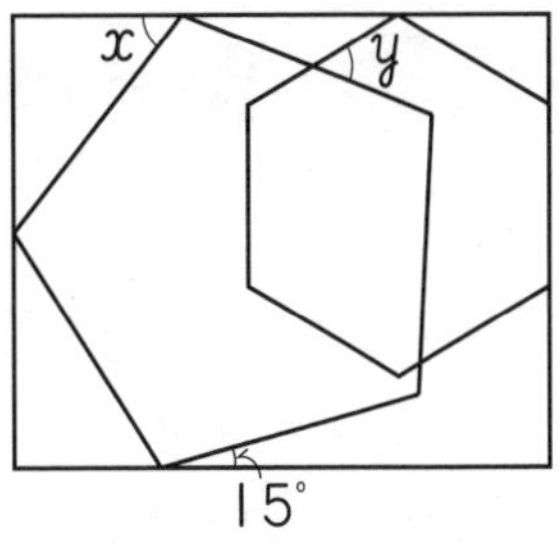

(1) 角 x の大きさを求めなさい。

(2) 角 y の大きさを求めなさい。

角　度（3）

➡解答は 73 ページ

月　　日

右の図は，正方形 ABCD を，AE を折り目として，折り返したものです。

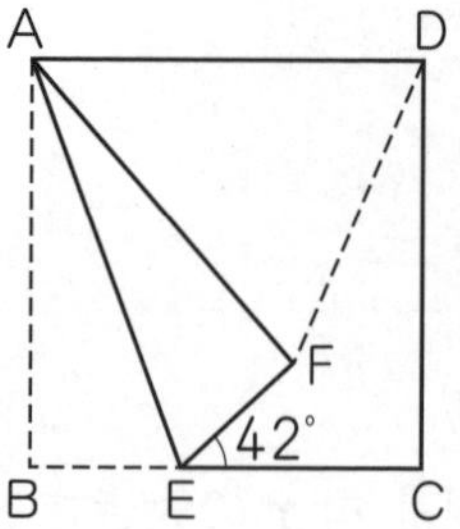

(1) 角 BAE の大きさを求めなさい。

右の図で，三角形 AFE は三角形 ABE を折り返したものだから，同じ印をつけた角どうしは，同じ大きさになります。

よって，●＝(180°－［①］°)÷2＝［②］°

角 BAE (＝○)＝180°－90°－［②］°＝［③］°

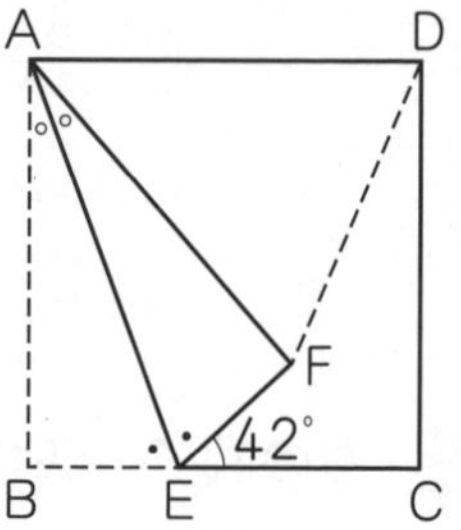

(2) 角 ADF の大きさを求めなさい。

右の図で，印をつけた辺の長さは等しいので，三角形 AFD は二等辺三角形です。

角 FAD＝90°－［③］°×2＝［④］° だから，角 ADF の大きさは，(180°－［④］°)÷2＝［⑤］°

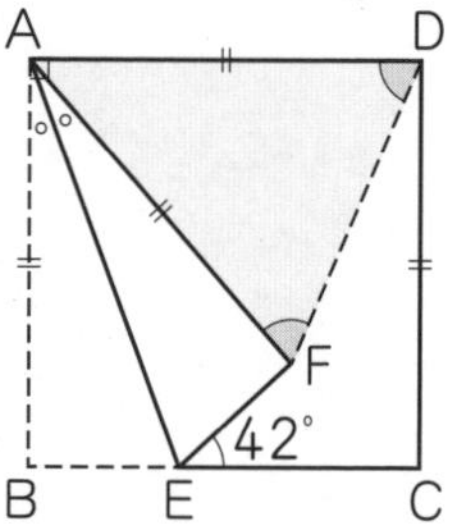

ポイント 折り返しによるもとの図形と等しい部分に着目します。

1 右の図は，正三角形 ABC を，AD を折り目として折り返したものです。

(1) 角 x の大きさを求めなさい。

［　　　　］

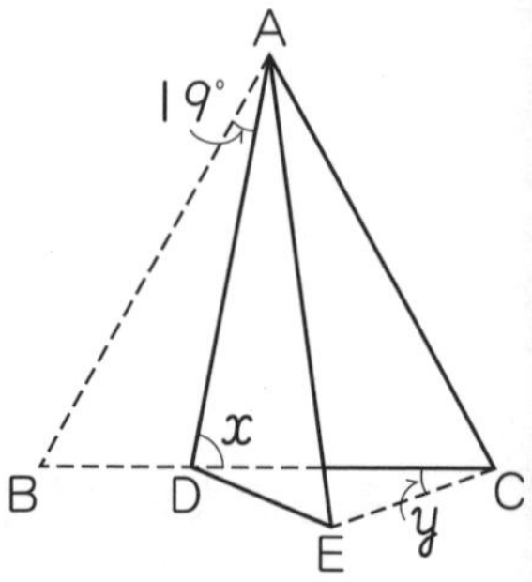

(2) 角 y の大きさを求めなさい。

［　　　　］

2 右の図は，長方形を折り返したものです。角 x の大きさを求めなさい。

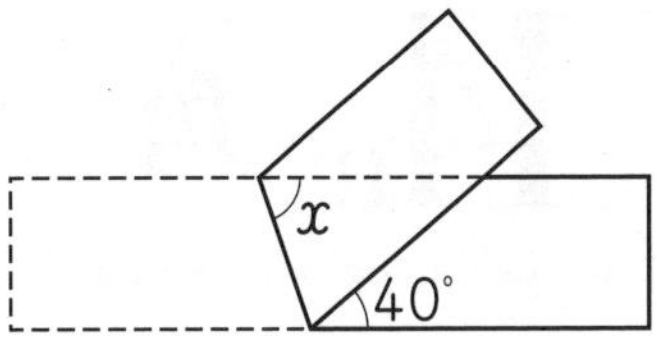

3 右の図は，中心角が 114°のおうぎ形 OAB を，AD を折り目として，折り返したものです。角 x，y の大きさを求めなさい。

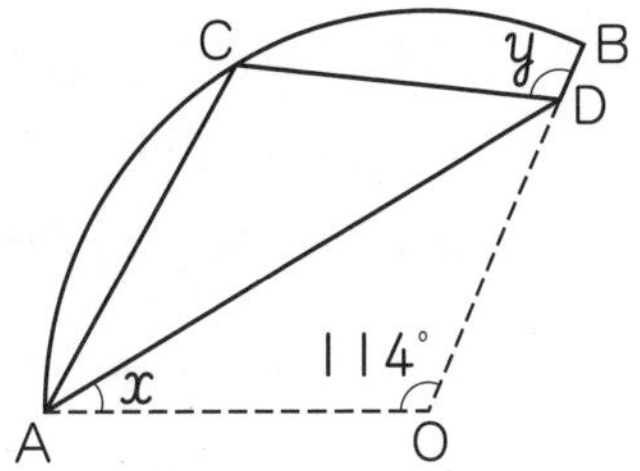

4 右の図は，正三角形 ABC を，DE を折り目として，折り返したものです。角 x の大きさを求めなさい。

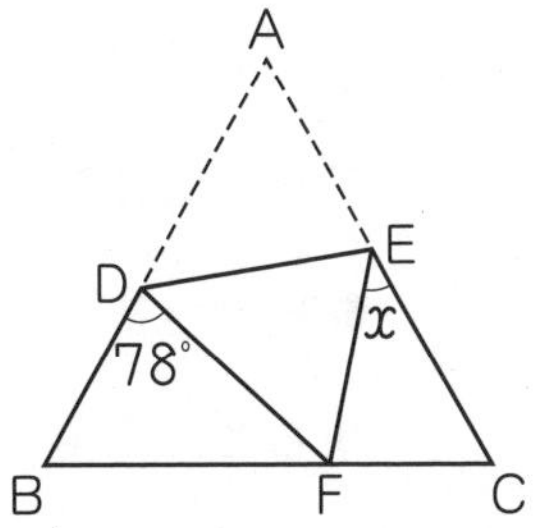

5 右の図は，AB と AC の長さが等しい二等辺三角形 ABC を，AD を折り目として，折り返したものです。

(1) 角 ABC の大きさを求めなさい。

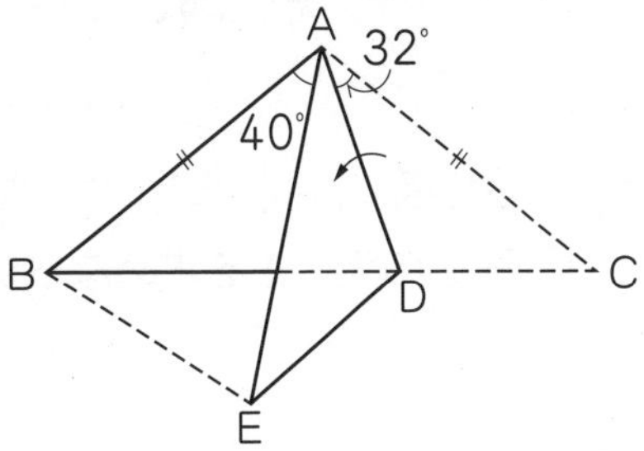

(2) 角 BED の大きさを求めなさい。

➡解答は 74 ページ　月　日

14日 角　度 (4)

右の図で，同じ印がついた角どうしは同じ大きさです。

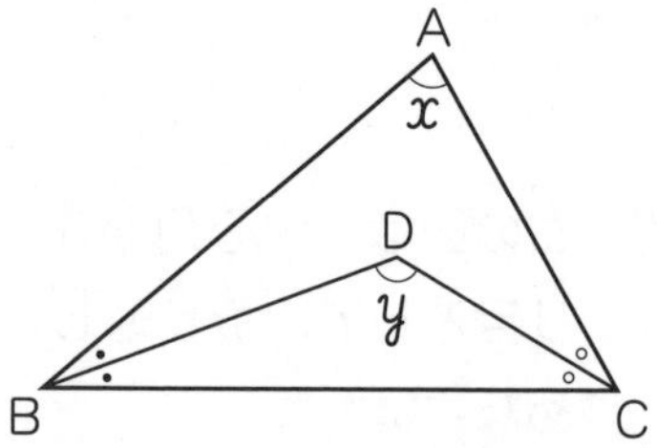

(1) $x=58°$のとき，角 y の大きさを求めなさい。

三角形 ABC の 3 つの角の和は 180° だから，
$x=58°$ のとき，
$●×2+○×2=180°-58°=122°$
したがって，$●+○=$ ①□°
すると，三角形 DBC の 3 つの角の和は 180° だから，
$y=180°-(●+○)=180°-$ ①□ $°=$ ②□°

(2) $y=130°$のとき，角 x の大きさを求めなさい。

三角形 DBC の 3 つの角の和は 180° だから，
$●+○=180°-130°=50°$　したがって，$●×2+○×2=$ ③□°
すると，三角形 ABC の 3 つの角の和は 180° だから，
$x=180°-(●×2+○×2)=180°-$ ③□ $°=$ ④□°

ポイント ●の角と○の角は，それぞれの大きさを求めるのではなく，●+○の大きさを考えます。

1 右の図で，同じ印がついた角どうしは同じ大きさです。

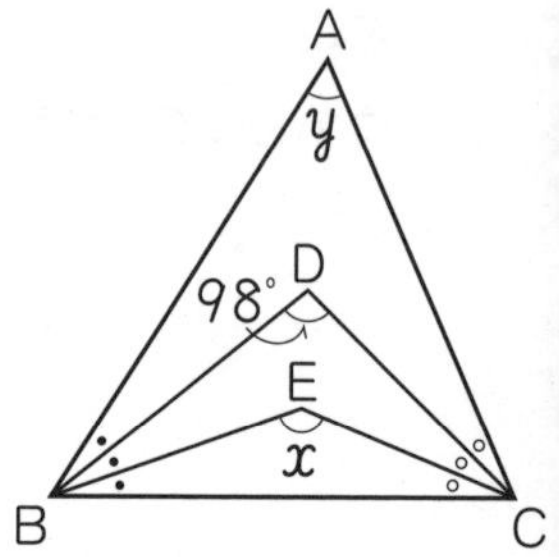

(1) 角 x の大きさを求めなさい。

□

(2) 角 y の大きさを求めなさい。

□

2 右の図で，同じ印がついた角どうしは同じ大きさです。角 x の大きさを求めなさい。

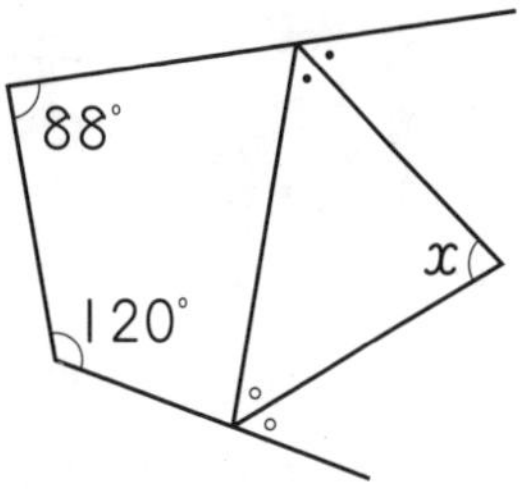

3 右の図は，同じ大きさの正方形を 6 個並べたものです。角 x の大きさを求めなさい。

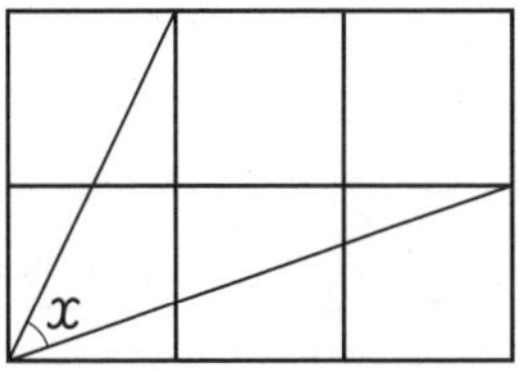

4 右の図で，AD と BC は平行です。角 x の大きさを求めなさい。

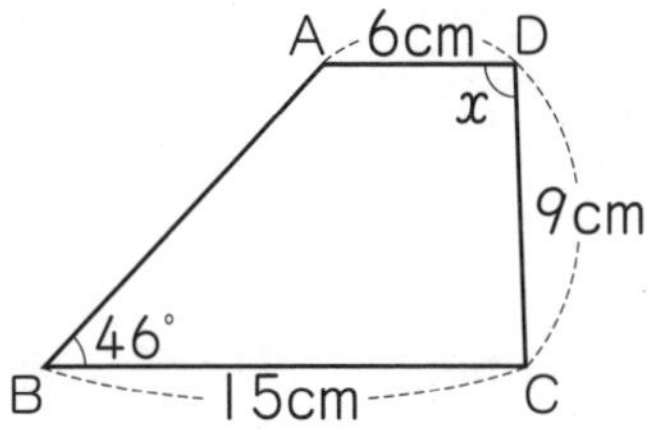

5 右の図は，A，B を中心とする半径の長さが等しい 2 つの半円を，たがいの中心を通るように重ねたものです。角 x の大きさを求めなさい。

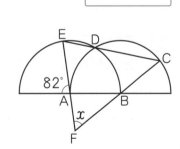

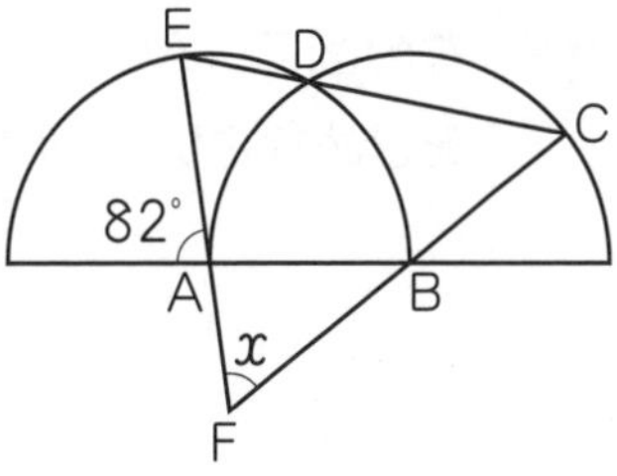

➡解答は 74 ページ　月　日

時間 30分【はやい25分・おそい35分】　得点

合格 80点　　点

15日 まとめテスト (3)

1 右の図で，四角形 ABCD は正方形，三角形 ADE は正三角形，五角形 CFGHD は正五角形です。（9 点× 2 − 18 点）

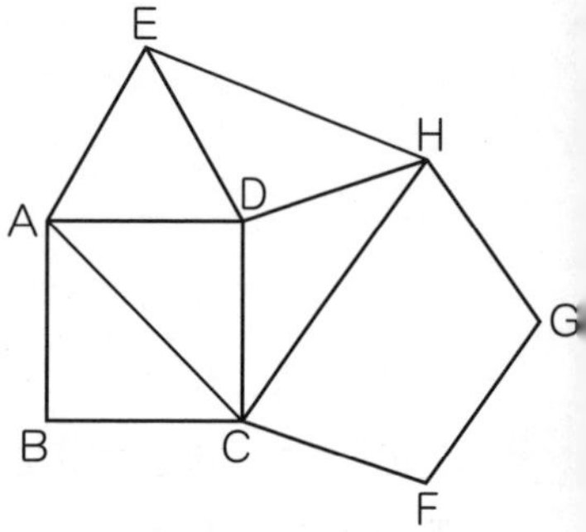

(1) 角 ACH の大きさを求めなさい。

(2) 角 DEH の大きさを求めなさい。

2 右の図で，AB=BC=CD=DE です。（9 点× 2 − 18 点）

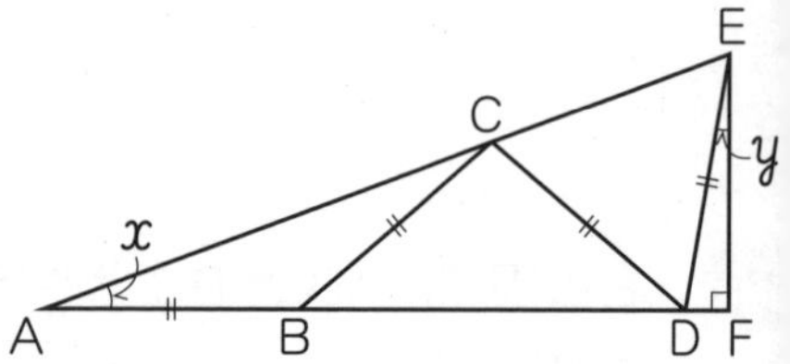

(1) $x=20^\circ$ のとき，角 y の大きさを求めなさい。

(2) $y=14^\circ$ のとき，角 x の大きさを求めなさい。

3 右の図で，AC=BE，AD=BD です。角 x の大きさを求めなさい。（10 点）

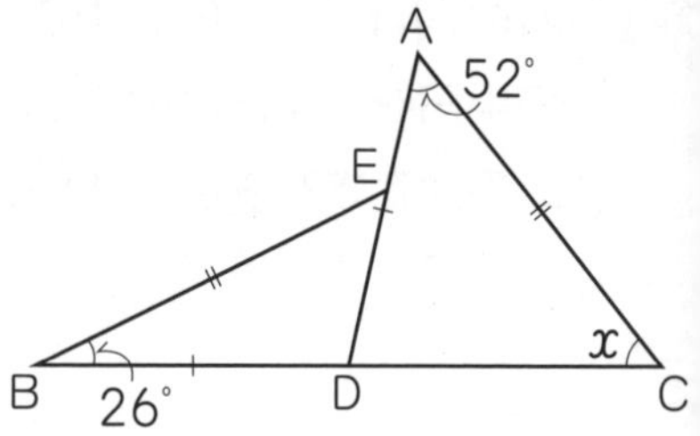

4 右の図は，平行線に正五角形と正三角形をつなげてかいたものです。(9点×2−18点)

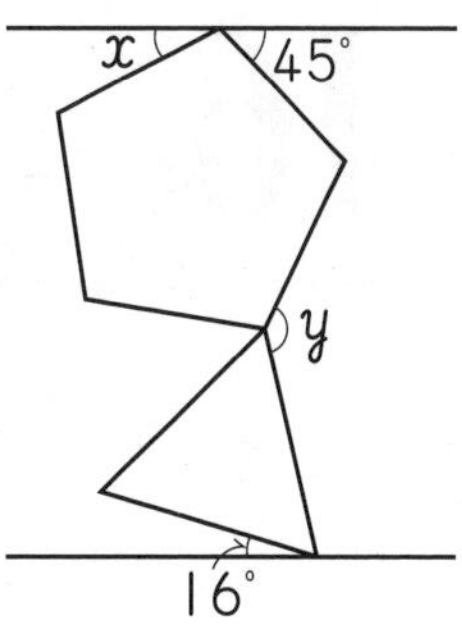

(1) 角 x の大きさを求めなさい。

(2) 角 y の大きさを求めなさい。

5 右の図で，同じ印がついた角どうしは同じ大きさです。(9点×2−18点)

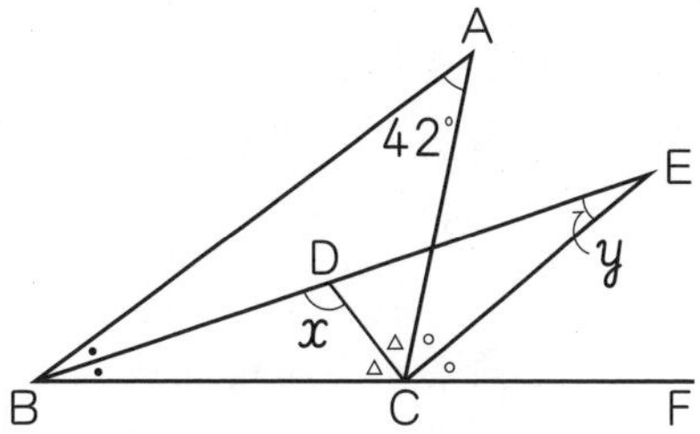

(1) 角 x の大きさを求めなさい。

(2) 角 y の大きさを求めなさい。

6 右の図は，正方形 ABCD を AE，AF を折り目として，折り返したものです。(9点×2−18点)

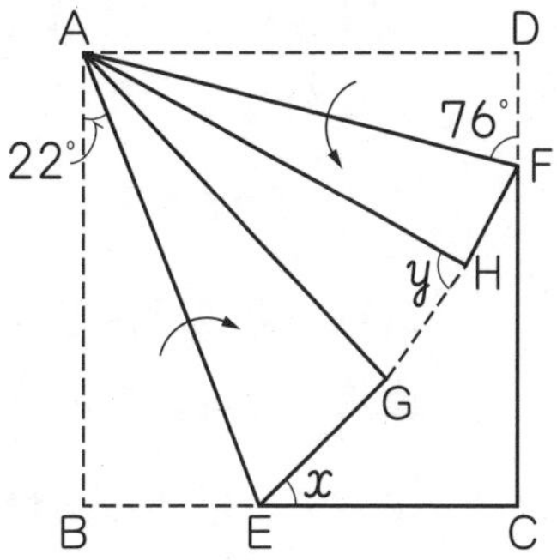

(1) 角 x の大きさを求めなさい。

(2) 角 y の大きさを求めなさい。

➡解答は 75 ページ　月　日

16日 三角形・四角形の面積（1）

次のそれぞれの図で，色のついた部分の面積を求めなさい。

(1)

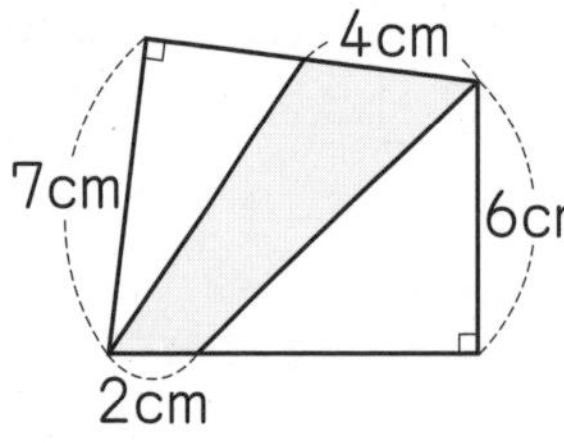

(2)

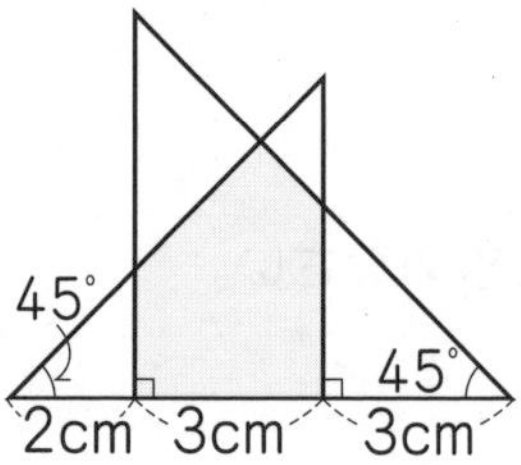

(1) 右の図のように，2 つの三角形ア，イに分けます。それぞれ底辺と高さの組み合わせに注意しましょう。

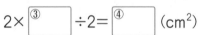

三角形アの面積は，

4×①□÷2=②□ (cm^2)

三角形イの面積は，

2×③□÷2=④□ (cm^2)

よって，求める面積は，②□+④□=⑤□ (cm^2)

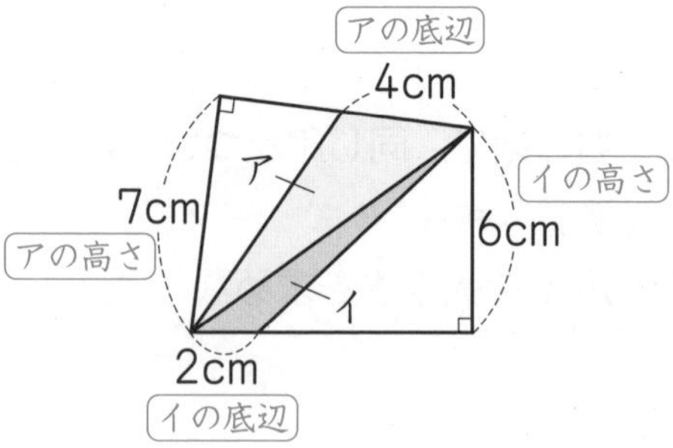

(2) 右の図の太線で囲んだ直角三角形から，直角三角形ア，イの面積をひいて求めます。太線で囲んだ三角形は，直角二等辺三角形なので，高さは底辺の長さの半分で，

(2+3+3)÷2=4(cm)

したがって，面積は，

⑥□×4÷2=⑦□ (cm^2)

直角二等辺三角形アの面積は，2×2÷2=2(cm^2)

直角二等辺三角形イの面積は，3×3÷2=4.5(cm^2)

よって，求める面積は，⑦□−(2+4.5)=⑧□ (cm^2)

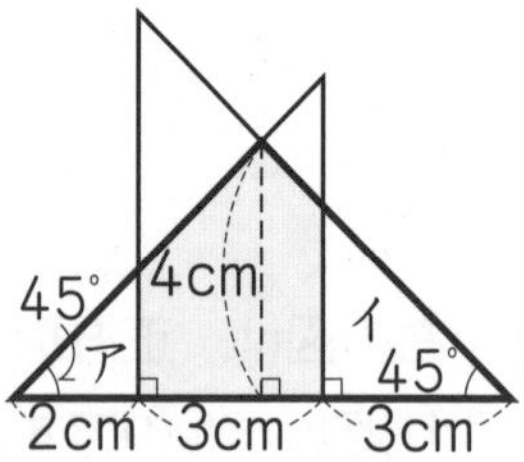

ポイント 求める図形を面積が求めやすい三角形に分け，面積をたしたりひいたりして求めます。

1 次のそれぞれの図で，色のついた部分の面積を求めなさい。

(1)

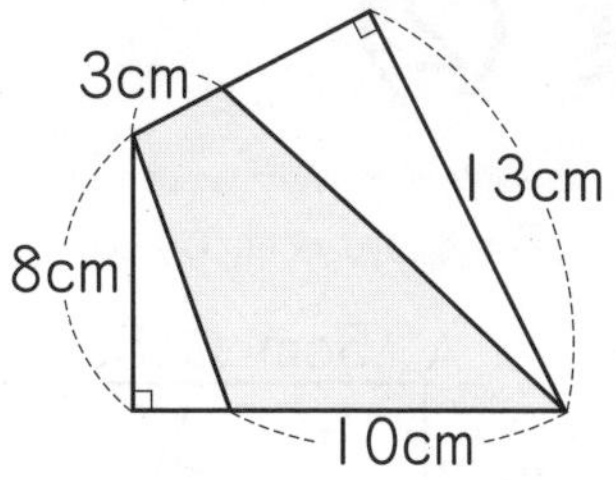

(2)

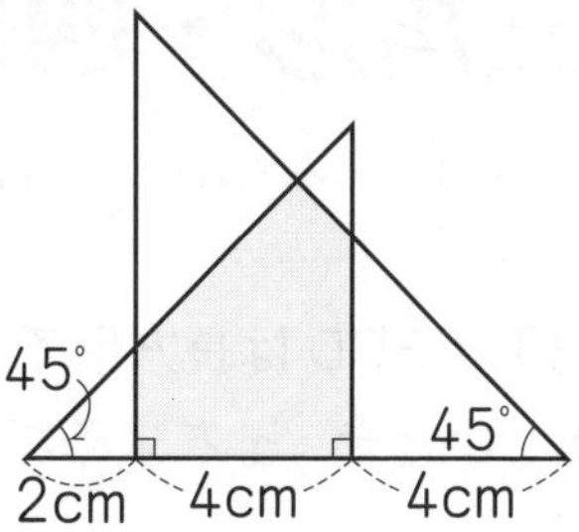

2 右の図は，1 辺が 1cm の正方形のマス目の中に三角形をかいたものです。この三角形の面積を求めなさい。

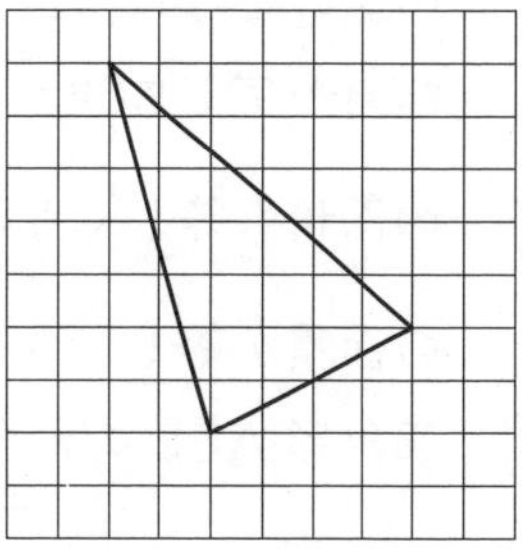

3 次のそれぞれの図で，四角形 ABCD は 1 辺の長さが 10cm の正方形です。色のついた部分の面積を求めなさい。

(1)

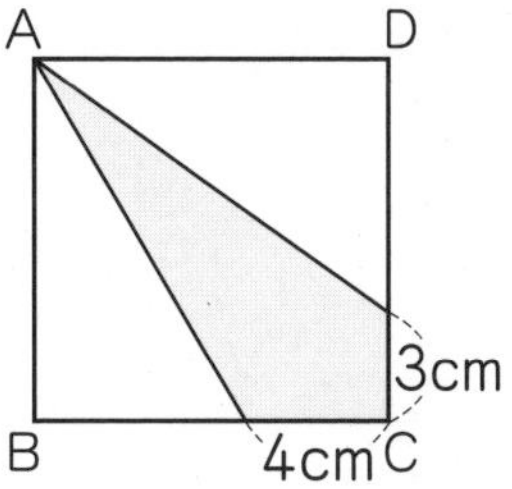

(2)

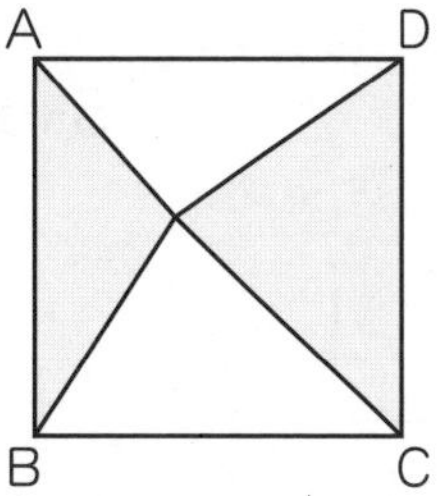

4 右の図のように，長方形 ABCD の辺 AB，BC 上にそれぞれ点 P，Q をとり，三角形 DPQ をつくったところ，その面積が 76cm^2 になりました。このとき，BQ の長さは何 cm ですか。

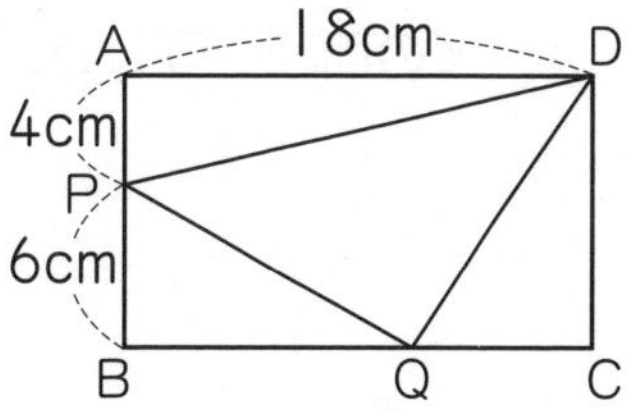

➡解答は 76 ページ　月　日

三角形・四角形の面積（2）

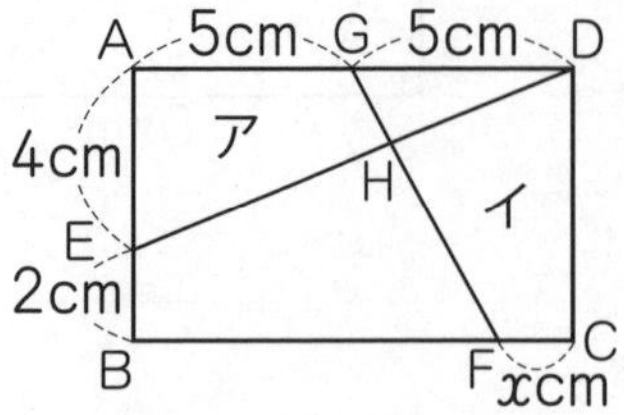

右の図で，四角形 ABCD は長方形です。四角形アと四角形イの面積が等しいとき，x を求めなさい。

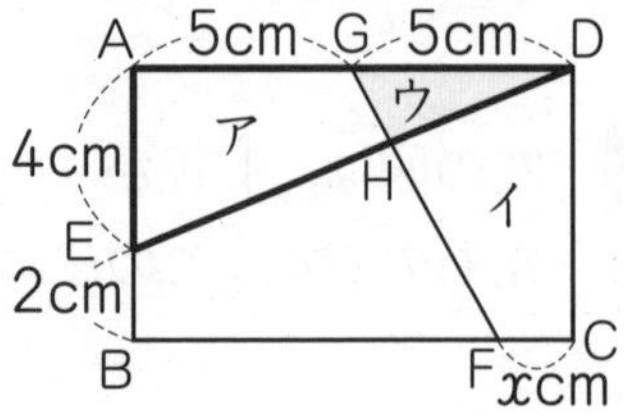

アやイの面積を直接求める公式はありません。そこで，右の図のように，三角形 GHD の面積をウとします。
四角形アと四角形イの面積が等しいとき，ア＋ウとイ＋ウの面積も等しくなるので，三角形 AED と台形 ①[ ]
の面積が等しくなることがわかります。
三角形 AED の面積は，$4\times10\div2=20(\mathrm{cm}^2)$
よって，台形 ①[ ] の面積も $20\mathrm{cm}^2$ です。
台形の面積の公式より，$(5+x)\times6\div2=20$

$(5+x)\times6=$ ②[ ]

$5+x=$ ③[ ]

したがって，$x=$ ④[ ]

ポイント アとイの面積が等しいとき，ア＋ウとイ＋ウの面積も等しくなることを利用します。

1 右の図で，四角形 ABCD は台形です。四角形アと三角形イの面積が等しいとき，BE の長さは何 cm ですか。

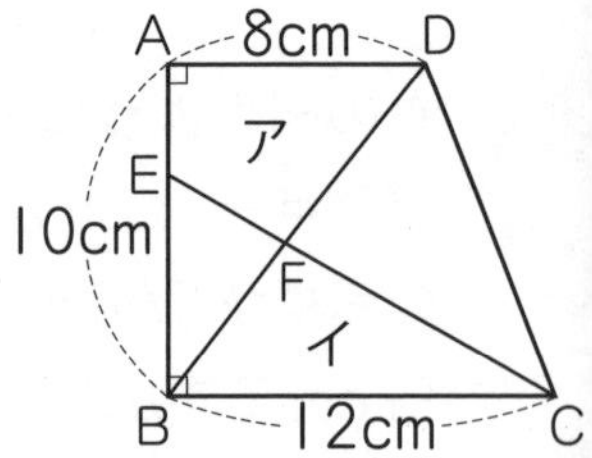

[ ]

2 右の図で，四角形 ABCD は長方形です。三角形アの面積は，四角形イの面積より何 cm^2 大きいですか。

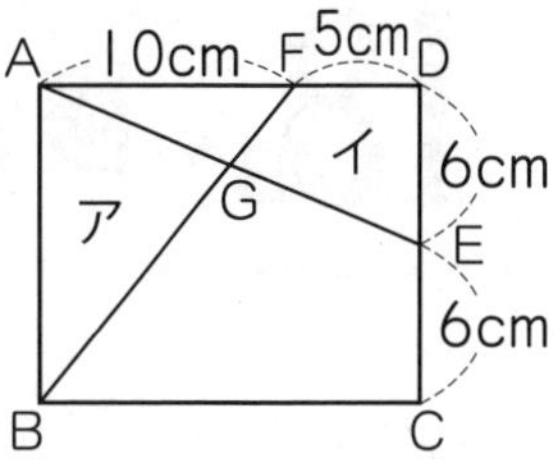

3 右の図 1，2 で，四角形 ABCD は長方形です。また，縦，横にひいた線は，長方形の辺と平行です。

(1) 図 1 で，色のついた部分の面積の合計は何 cm^2 ですか。

（図 1）

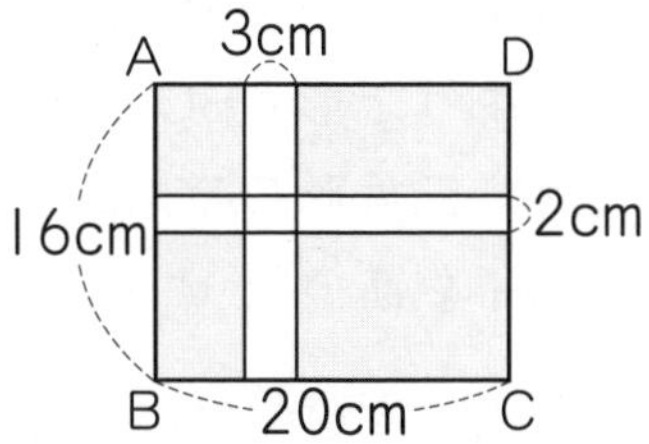

(2) 図 2 で，色のついた部分の面積は何 cm^2 ですか。

（図 2）

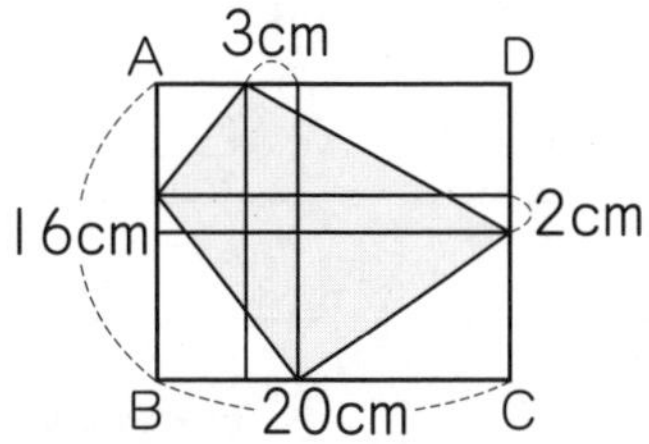

4 右の図は，まわりの長さが 13cm で，いちばん長い辺の長さが 6cm の直角三角形 8 個を並べたものです。中にできた正方形（色のついた部分）の面積は何 cm^2 ですか。

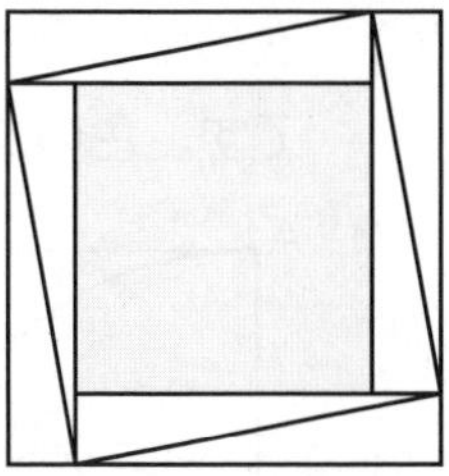

➡解答は 76 ページ　月　日

18日 複合図形の面積（1）

右の図で，色のついた部分の面積は何 cm² ですか。

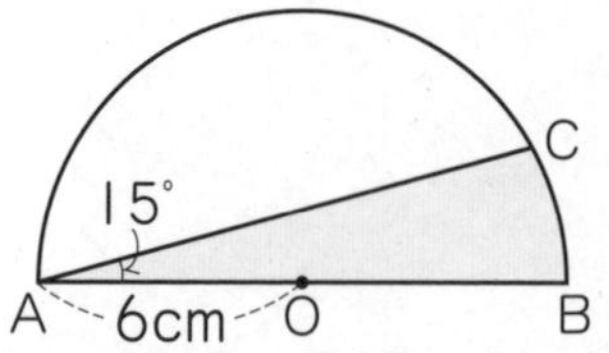

色のついた部分は，三角形 OAC とおうぎ形 OBC を合わせた形です。三角形 OAC は，OA を底辺，CH を高さとすると，OA=OC

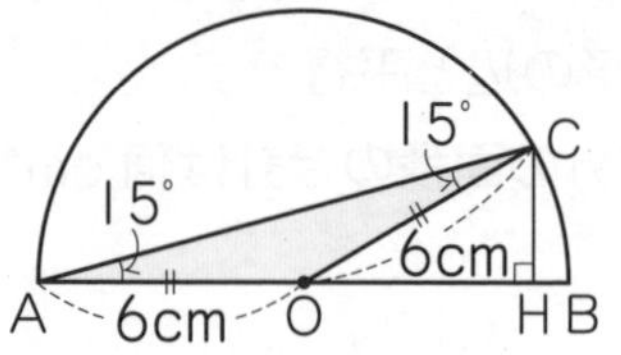

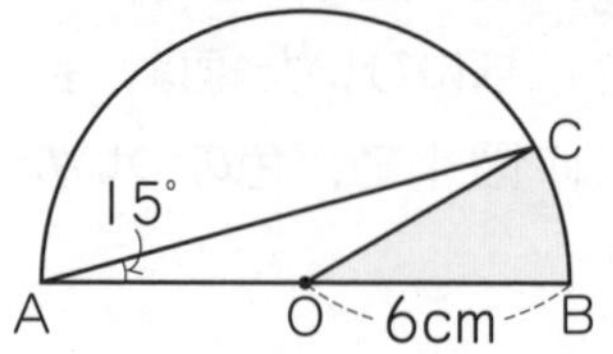

より，角 OAC= 角 OCA=15° だから，角 COH= ①[　　]° となるので，OC:CH=2:1

よって，CH= ②[　　] cm だから，三角形 OAC の面積は，6× ②[　　] ÷2= ③[　　] (cm²)

また，おうぎ形 OBC の面積は，

6×6×3.14÷ ④[　　] = ⑤[　　] (cm²)

したがって，色のついた部分の面積は，

③[　　] + ⑤[　　] = ⑥[　　] (cm²)

30°,60°,90° の直角三角形

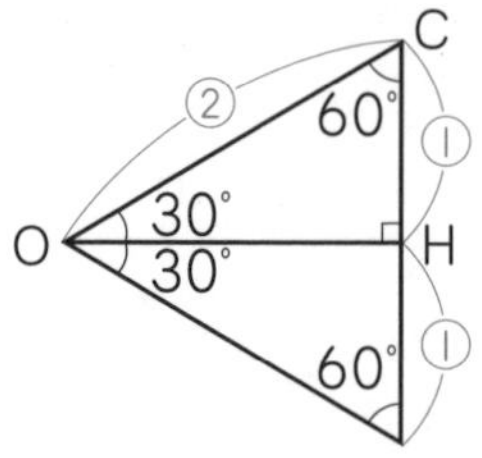

ポイント 面積はおうぎ形とその他の部分に分けて求めます。

1 次のそれぞれの図は，1 辺が 12cm の正方形 ABCD と円の一部を組み合わせたものです。色のついた部分の面積は，それぞれ何 cm² ですか。

(1)

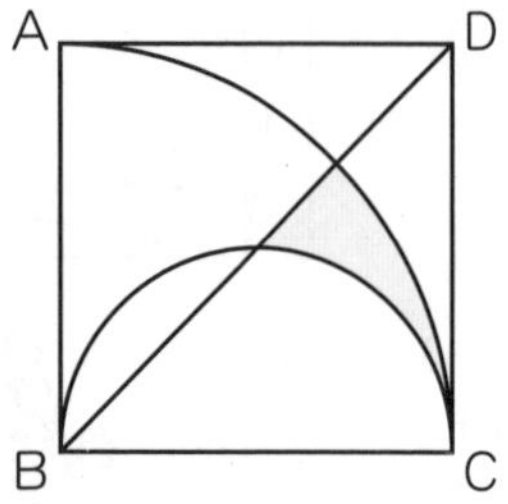

(2)

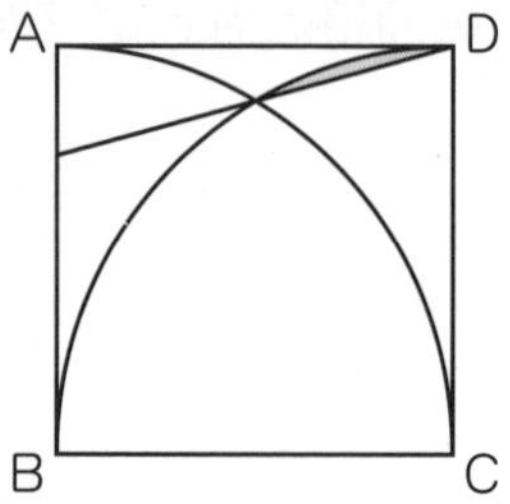

2 右の図は，１辺が10cmの正方形の中にぴったり入る円をかき，その円にぴったり入る正方形をかいたものです。

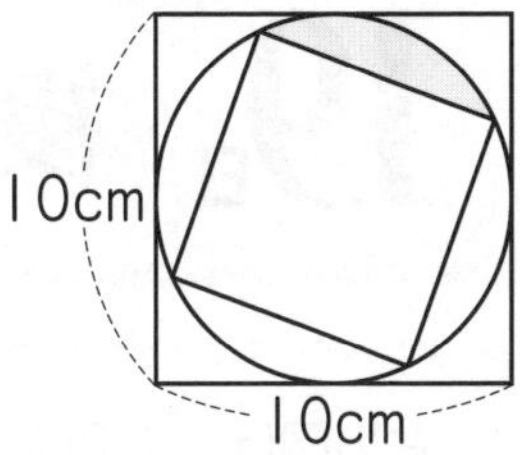

(1) 小さい正方形の面積は何 cm^2 ですか。

(2) 色のついた部分の面積は何 cm^2 ですか。

3 右の図は，半径が6cmの半円の中に，同じ大きさの正方形２個を並べてかいたものです。

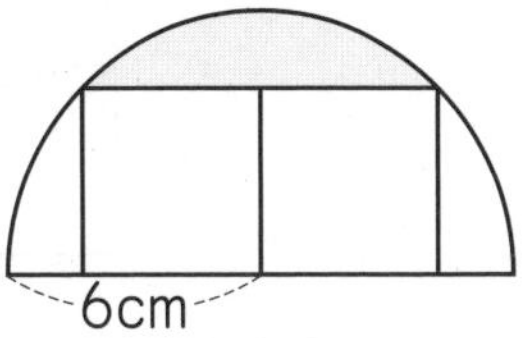

(1) 正方形１個の面積は何 cm^2 ですか。

(2) 色のついた部分の面積は何 cm^2 ですか。

4 次のそれぞれの図は，半径が6cmの半円の円周を６等分する点を結んだものです。色のついた部分の面積は，それぞれ何 cm^2 ですか。

(1)

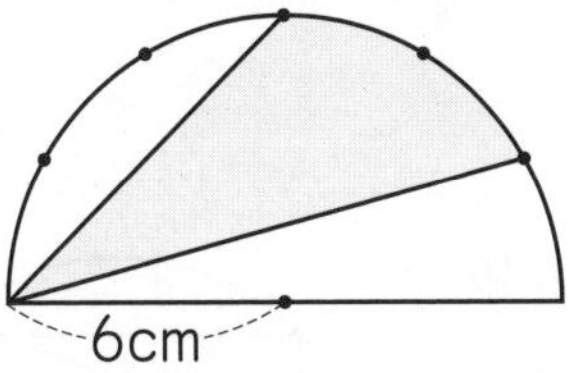

(2)

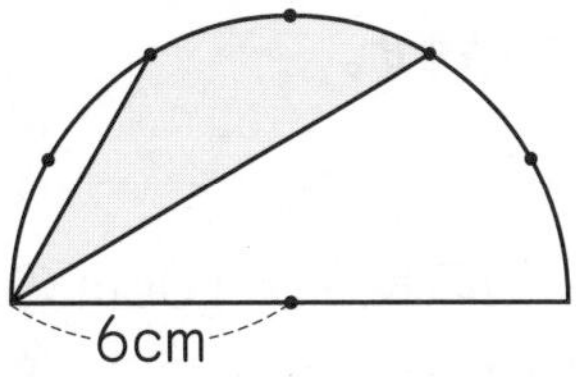

➡解答は 77 ページ　月　日

19日 複合図形の面積（2）

右の図は，1 辺 2cm の正方形を 4 個ならべて，半円とおうぎ形をかいたものです。色のついた部分の面積は何 cm^2 ですか。

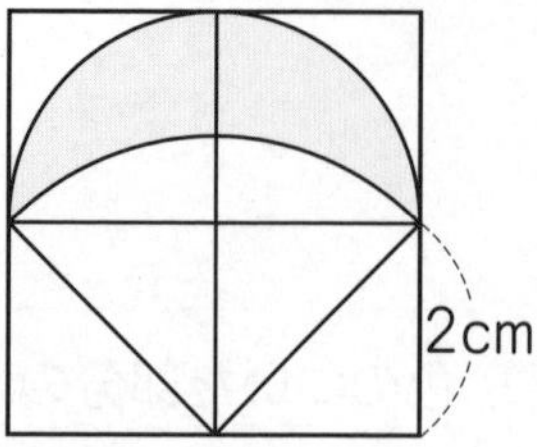

色のついた部分の面積は，次のように アの面積＋イの面積－ウの面積 で求めることができます。

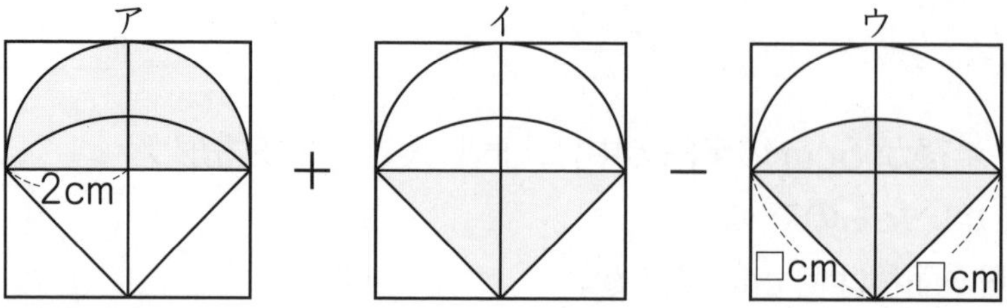

アの面積は，2×2×3.14÷2＝［①　　］(cm^2)

イの面積は，1 辺 2cm の正方形と同じだから，2×2＝4(cm^2)

ウのおうぎ形は，半径がわかりませんが，半径を□ cm とすると，□ cm は 1 辺の長さが 2cm の正方形の対角線だから，

□×□÷2＝正方形の面積＝4　つまり，□×□＝8 となります。

これより，ウの面積は，□×□×3.14÷［②　　］＝8×3.14÷［②　　］＝［③　　］(cm^2)

です。したがって，色のついた部分の面積は，

［①　　］＋4－［③　　］＝［④　　］(cm^2)

ポイント 円の半径がわからなくても，半径×半径 がわかれば円の面積を求めることができます。

1 右の図は，1 辺の長さが 10cm の正方形と円とおうぎ形を組み合わせたものです。色のついた部分の面積は何 cm^2 ですか。

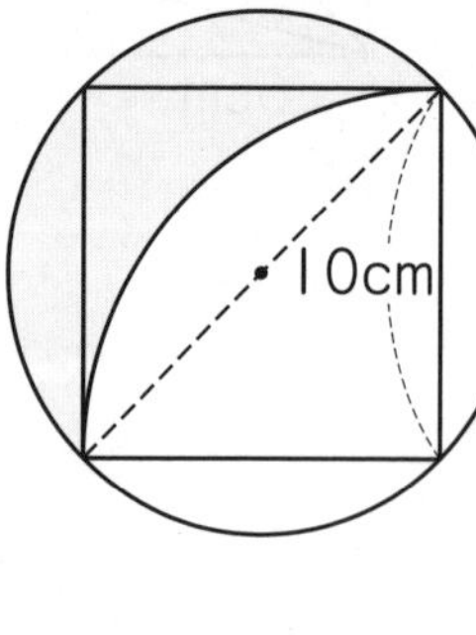

［　　　　］

2 次のそれぞれの図で，P，Q はおうぎ形の円周を 3 等分した点です。色のついた部分の面積はそれぞれ何 cm^2 ですか。

(1)

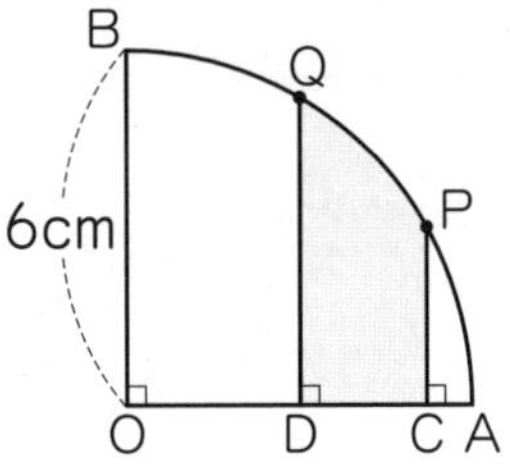

(2)

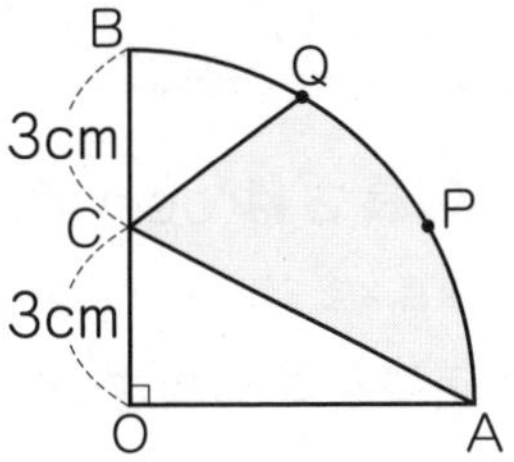

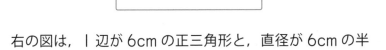

3 右の図は，1 辺が 6cm の正三角形と，直径が 6cm の半円を重ねたものです。

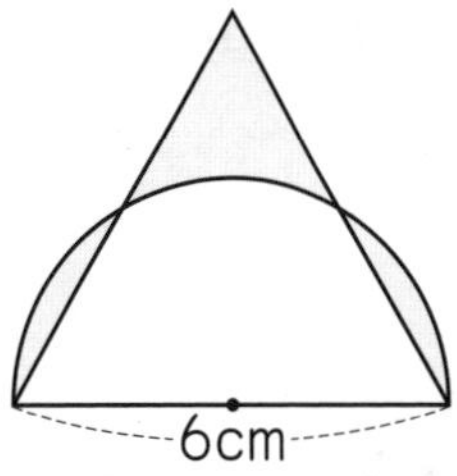

(1) 色のついた部分のまわりの長さの和は何 cm ですか。

(2) 色のついた部分の面積の和は何 cm^2 ですか。

4 右の図で，四角形 ABCD，EFGH は正方形です。

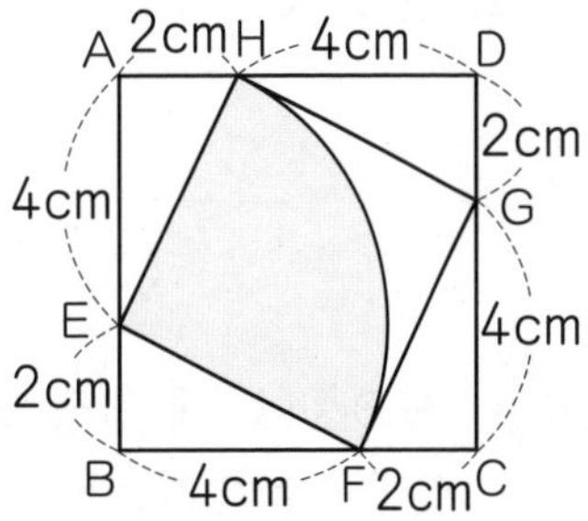

(1) 正方形 EFGH の面積は何 cm^2 ですか。

(2) 色のついたおうぎ形の面積は何 cm^2 ですか。

➡解答は 78 ページ
月　日

20日 まとめテスト (4)

時間 30分【はやい25分·おそい35分】
合格 80点
得点　点

1 右の図で，OA の長さは 6cm で，OB，OC は角 AOD を 3 等分しています。(9 点× 2－18 点)

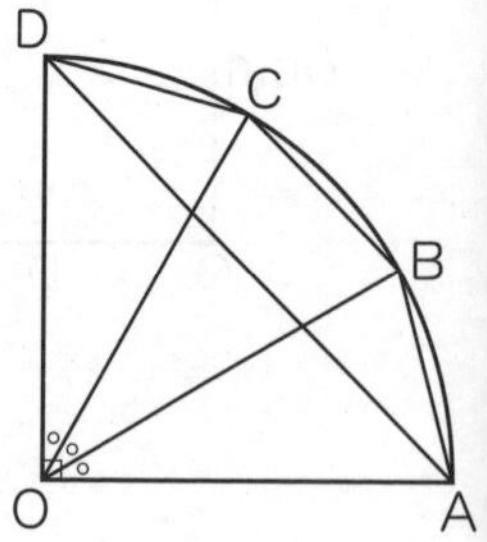

(1) 三角形 OAB の面積を求めなさい。

(2) 四角形 ABCD の面積を求めなさい。

2 右の図は，直径が 8cm の半円と直角三角形を重ねたものです。(9 点× 2－18 点)

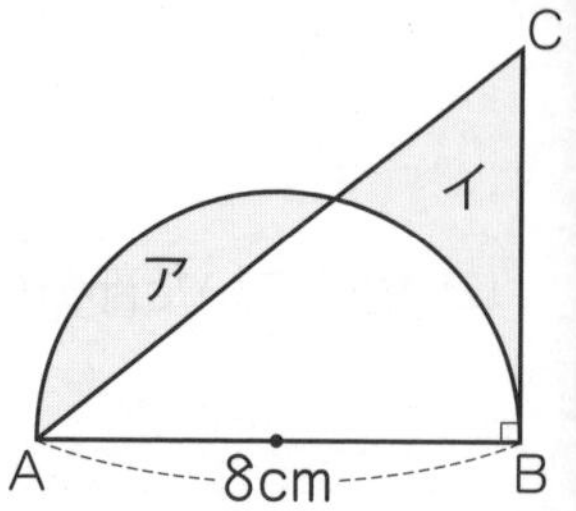

(1) 角 CAB の大きさが 45°のとき，色のついたアとイの面積の和は何 cm^2 ですか。

(2) 色のついたアとイの面積が等しいとき，BC の長さは何 cm ですか。

3 右の図は，長方形の中に四角形 ABCD をかいたものです。この四角形 ABCD の面積を求めなさい。(10 点)

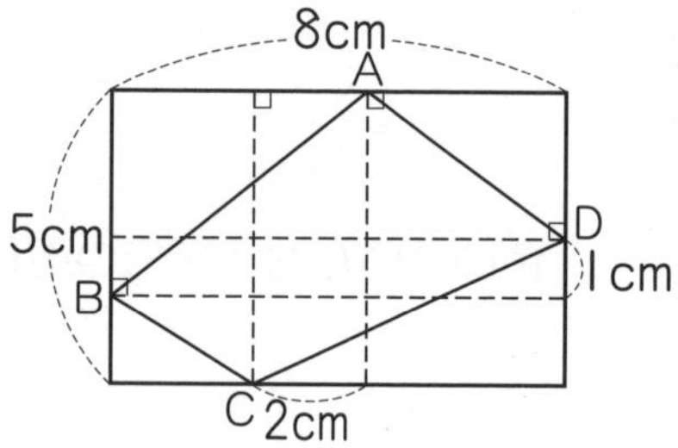

4 次の図は，１辺が 8cm の正方形 ABCD と円の一部を組み合わせたものです。色のついた部分の面積は，それぞれ何 cm^2 ですか。(9点×2－18点)

(1)
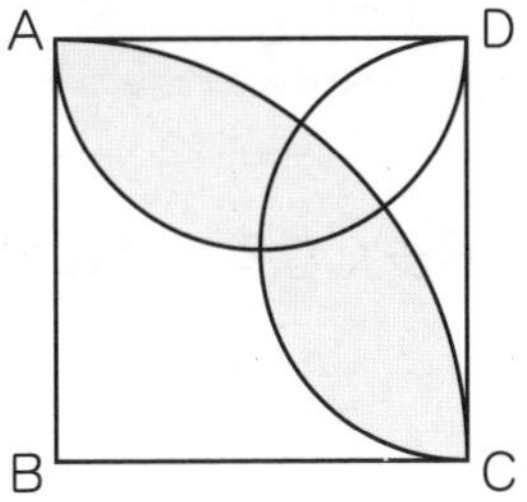

(2)
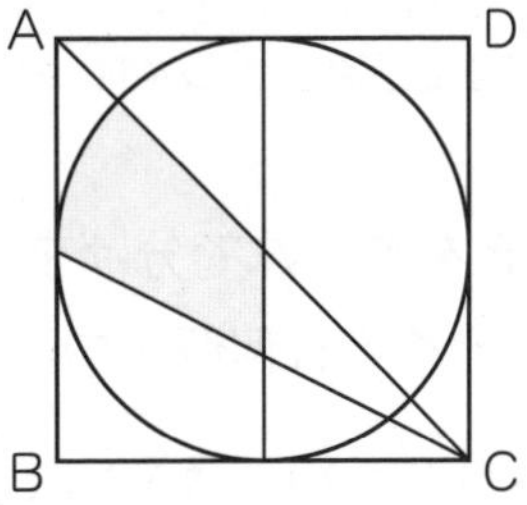

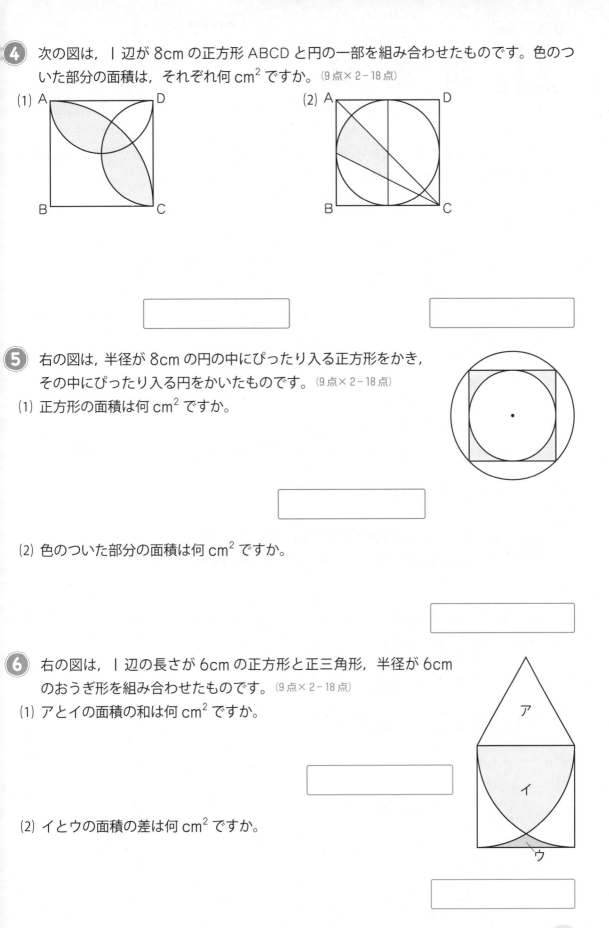

5 右の図は，半径が 8cm の円の中にぴったり入る正方形をかき，その中にぴったり入る円をかいたものです。(9点×2－18点)

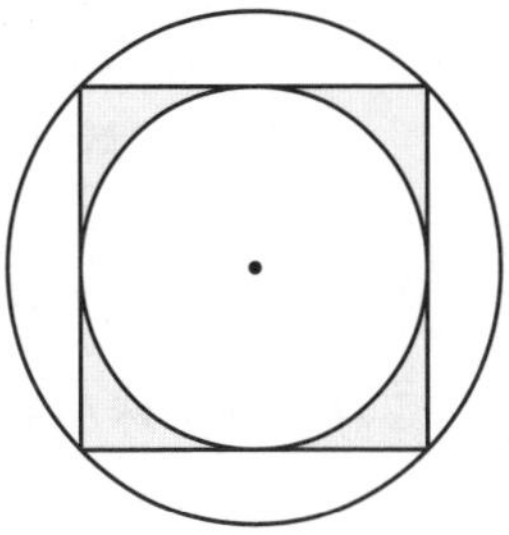

(1) 正方形の面積は何 cm^2 ですか。

(2) 色のついた部分の面積は何 cm^2 ですか。

6 右の図は，１辺の長さが 6cm の正方形と正三角形，半径が 6cm のおうぎ形を組み合わせたものです。(9点×2－18点)

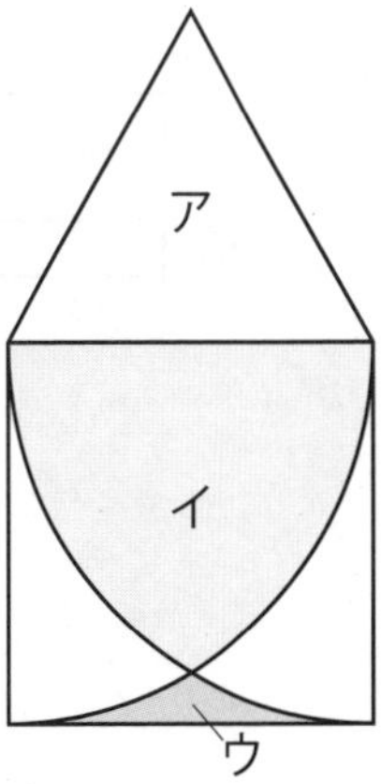

(1) アとイの面積の和は何 cm^2 ですか。

(2) イとウの面積の差は何 cm^2 ですか。

➡解答は 79 ページ　月　日

21日 和 差 算

120 個のおはじきを姉と妹で分けます。姉の方が妹よりも 24 個多くなるように分けることにすると，それぞれ何個ずつに分ければよいですか。

姉と妹がもらうおはじきの個数を図で表すと次のようになります。

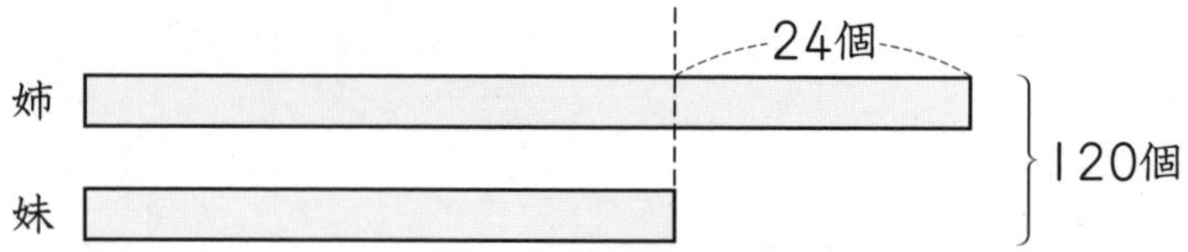

姉の方が妹より 24 個多いので，もし，姉からおはじきを 24 個とると，妹と同じ個数になり，次のようになります。

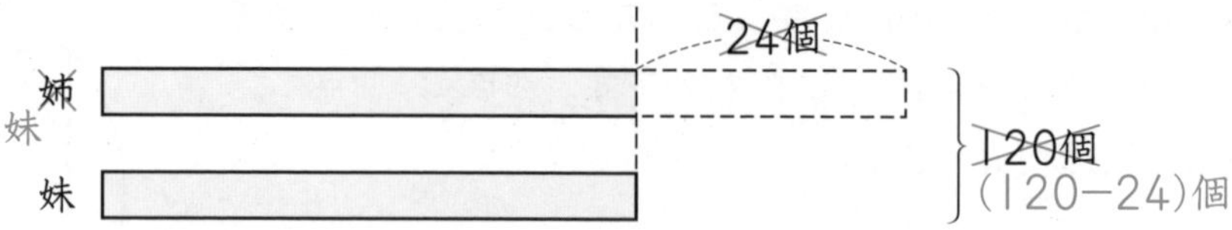

これより，妹がもらうおはじきの個数は，(120−24)÷ ① ＝ ② (個)

姉がもらうおはじきの個数は， ② ＋24＝ ③ (個)

ポイント 大，小 2 つの数の和と差がわかっているとき，
大＝(和＋差)÷2，小＝(和−差)÷2 となります。

1 兄と弟の貯金を合わせると 20000 円で，兄の方が弟よりも 5000 円多く貯金しています。兄と弟の貯金はそれぞれいくらですか。

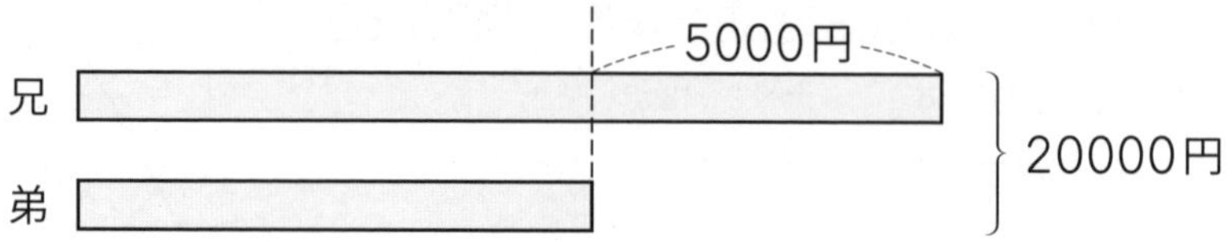

兄 ＿＿＿＿，弟 ＿＿＿＿

2 すすむさんは 80 ページの本を 2 日間で全部読みました。2 日目は 1 日目より 6 ページ多く読んだそうです。1 日目は何ページ読みましたか。

3 1 日を昼の時間と夜の時間に分けたとき，ある日の昼の時間は夜の時間より 3 時間 20 分長かったそうです。この日の昼の時間，夜の時間はそれぞれ何時間何分ですか。

昼 ,

夜

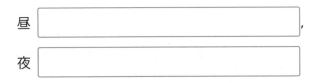

4 横の長さが縦の長さより 4cm 長い長方形があります。この長方形のまわりの長さは 40cm です。この長方形の面積は何 cm^2 ですか。

5 右の図のような長方形 ABCD があります。この長方形を，直線 DE で台形 ABED と三角形 DEC に分けたとき，台形の面積が三角形の面積より 18cm^2 大きくなりました。このとき，BE の長さは何 cm ですか。

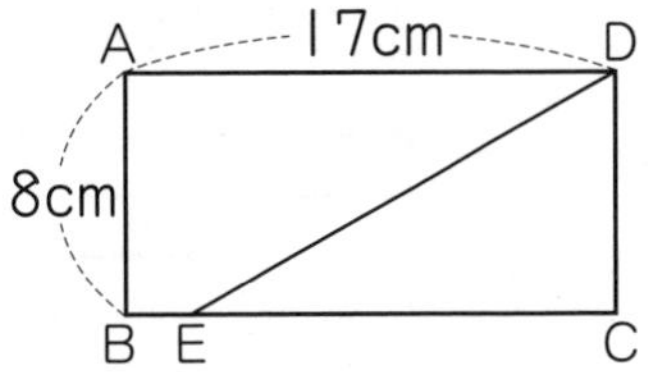

➡解答は 79 ページ　月　日

22日 分配算

75 枚の画用紙を A，B，C の 3 人で分けました。A は B より 7 枚多く，B は C より 10 枚多くとりました。3 人はそれぞれ何枚ずつとりましたか。

図に表すと，次のようになります。

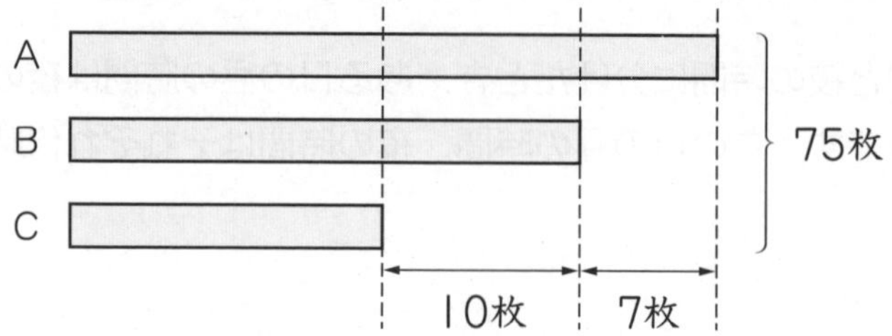

B を 10 枚，A を ① 枚減らせば，合計は ② 枚になり，これは C の 3 倍です。

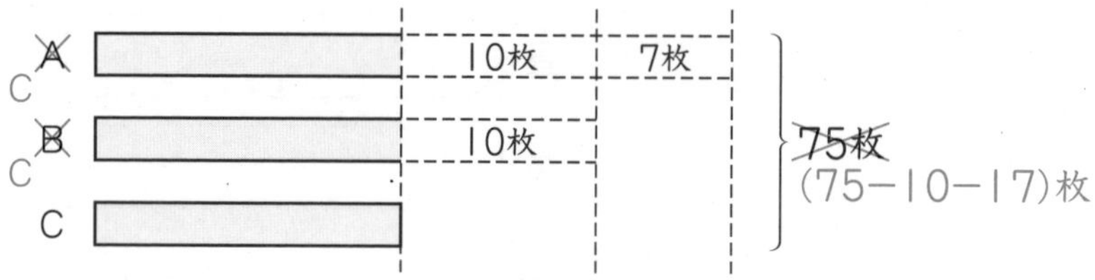

したがって，C の枚数は，(75−10−17)÷ ③ ＝ ④ (枚)

B は ⑤ 枚，A は ⑥ 枚

ポイント いちばん少ないものにそろえてからわります。

1 3800 円のお金を姉，私，弟の 3 人で分けます。私は弟より 400 円多く，姉は私より 300 円多くなるように分けると，3 人はそれぞれいくらもらえますか。

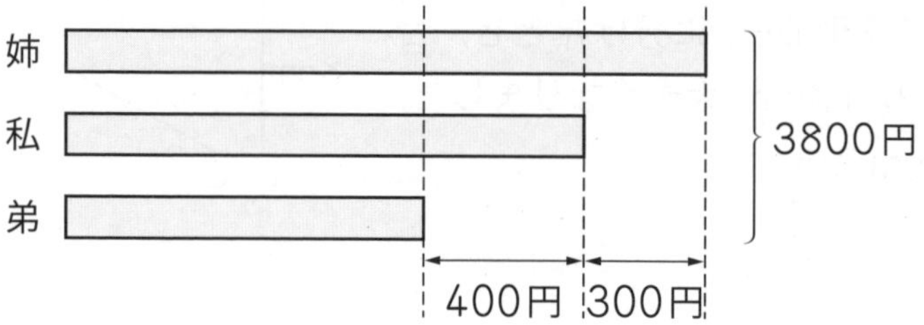

姉 ＿＿＿＿，私 ＿＿＿＿，弟 ＿＿＿＿

2 大，中，小３つの数があって，その和は 243 です。大は中の３倍で，中は小の２倍です。大の数を求めなさい。

3 10700 円のお金を，A，B，C の３人で分けます。A は C の２倍，B は C の３倍より 500 円多くなるように分けると，A のもらえるお金はいくらになりますか。

4 算数，国語，理科の３教科のテストがあり，３教科の点数の平均点は 81 点でした。算数の点数は，国語の点数より 15 点高く，理科の点数より 12 点低い点数でした。算数の点数は何点でしたか。

5 三角形の土地のまわりの長さをはかったところ，76m ありました。各辺の長さは，いちばん長い辺がいちばん短い辺の長さの２倍より 4m 短く，２番目に長い辺がいちばん短い辺より 8m 長くなっていました。この土地のいちばん長い辺の長さは何 m ですか。

➡解答は 80 ページ　月　日

23日 消 去 算

りんご１個とオレンジ１個を買うと 340 円で，りんご３個とオレンジ２個を買うと 920 円です。りんご１個，オレンジ１個のねだんはそれぞれいくらですか。

340円

920円

りんご１個とオレンジ１個を買うと 340 円だから，りんご２個とオレンジ２個を買うと ① ［　　］ 円です。

=340円×2=680円

これと「りんご３個とオレンジ２個を買うと 920 円」を比べると，代金の差はりんご１個のねだんだから，りんご１個のねだんは，

②［　　］−①［　　］=③［　　］（円）

オレンジ１個のねだんは，340−③［　　］=④［　　］（円）

ポイント どちらかの数をそろえて，代金の差が表すものを考えます。

1 えん筆１本と消しゴム１個を買うと 80 円で，えん筆５本と消しゴム２個を買うと 250 円です。えん筆１本，消しゴム１個のねだんはそれぞれいくらですか。

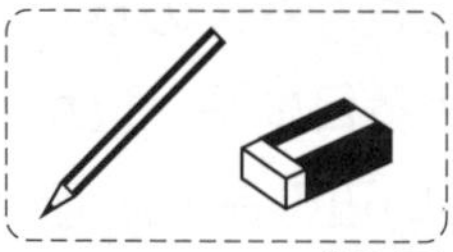

80円

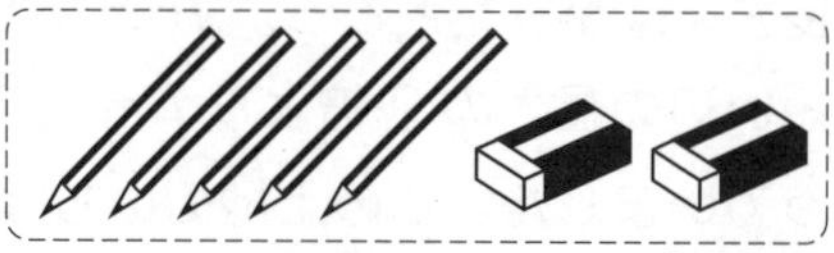

250円

えん筆［　　］，消しゴム［　　］

2 ある動物園の入園料は，大人４人と子ども５人で 4550 円です。また，大人８人と子ども６人で 7700 円です。大人１人の入園料はいくらですか。

3 みかん２個となし３個を買うと 630 円，みかん３個となし４個を買うと 870 円です。

(1) みかん１個となし１個を買うと代金はいくらですか。

(2) みかん１個，なし１個のねだんはそれぞれいくらですか。

みかん ＿＿＿，なし ＿＿＿

4 バット１本とボール２個を買うと 4400 円で，バット２本とボール１ダースを買うと 12400 円です。バット１本のねだんはいくらですか。

5 ３つの整数 A，B，C があります。A と B の和は 78，B と C の和は 100，C と A の和は 84 です。３つの整数 A，B，C をそれぞれ求めなさい。

A ＿＿＿，B ＿＿＿，C ＿＿＿

➡解答は 81 ページ　月　日

24日 つるかめ算

1 個 80 円のオレンジと，1 個 120 円のりんごを合わせて 14 個買って，代金が 1320 円でした。それぞれ何個ずつ買いましたか。

もし，オレンジばかり 14 個買ったとしたら，代金は 80×14=1120(円) です。
これと 1320 円とでは，1320−1120=200(円) の差があります。

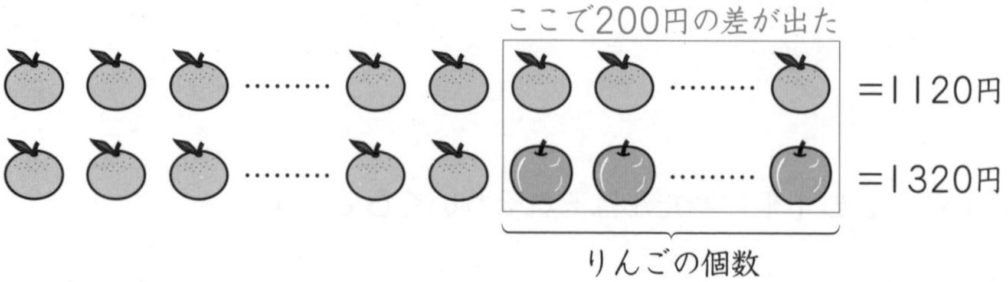

オレンジとりんごのねだんの差は 1 個につき 120−80=40(円) だから，

りんごの個数は，①[　　] ÷ ②[　　] = ③[　　] (個)

オレンジの個数は 14− ③[　　] = ④[　　] (個)

ポイント オレンジばかり買ったときの代金と実際の代金との差を 1 個ずつの代金の差でわります。

1 1 個 380 円のケーキと 1 個 320 円のケーキを合わせて 16 個買って，代金が 5660 円でした。

(1) もし，1 個 320 円のケーキばかりを 16 個買ったとすると，代金はいくらになりますか。

[　　　　]

(2) 1 個 380 円のケーキを何個買いましたか。

[　　　　]

2 1個150円のりんごと1個130円のかきを合わせて12個買い，260円のかごに入れてもらったら代金がちょうど2000円でした。りんごを何個買いましたか。

3 50人のクラスで算数のテストをしたら，平均点は78点で，78点以上の人の平均点は87点，78点未満の人の平均点は62点でした。

(1) もし，50人全員の平均点が62点だったとすると，50人の点数の合計は何点になりますか。

(2) 78点以上の人の人数を求めなさい。

4 A地点からB地点までの道のりは1300mです。A地点を出発し，はじめは毎分50mで歩き，途中（とちゅう）から毎分75mで歩いたら，B地点まで20分かかりました。毎分75mで歩いた時間は何分間ですか。

5 花屋さんがキクの花を200本仕入れて，1日目に1本80円で売りました。売れ残った花を2日目に1日目の2割引きのねだんで売ったところ，全部売れて売上高は2日合わせて14800円でした。1日目に何本売れましたか。

➡解答は 81 ページ　月　日

時間 30分 【はやい25分・おそい35分】　得点

合格 80点　点

25日 まとめテスト (5)

1 大，小 2 つの数をたさなければならないところを，まちがえてひいてしまったので，答えは 36 となって，正しい答えより 62 だけ小さくなりました。(7点×2－14点)

(1) 大，小 2 つの数をたした正しい答えを求めなさい。

□

(2) 大，小 2 つの数をそれぞれ求めなさい。

大 □，小 □

2 4000 円のお金を，A，B，C の 3 人で分けます。A は C の 2 倍より 100 円多く，B は C の 3 倍より 300 円多くなるように分けると，A のもらえるお金はいくらになりますか。(10点)

□

3 ノート 4 冊とえん筆 14 本を買うと 2100 円です。また，ノート 3 冊の代金とえん筆 7 本の代金は同じです。(7点×2－14点)

(1) もし，2100 円でノートばかりを買ったとすると，何冊買うことができますか。

□

(2) えん筆 1 本のねだんはいくらですか。

□

4 ノート 3 冊とえん筆 8 本買っても，ノート 7 冊とえん筆 2 本を買っても，代金が 1000 円でした。ノート 1 冊のねだんはいくらですか。(10点)

□

5 横の長さが縦の長さの２倍，高さが横の長さの２倍になっている直方体があります。この直方体のすべての辺の長さの和は１１２cm です。この直方体の体積は何 cm^3 ですか。（10 点）

6 ＡとＢの重さを合計すると 77g，ＢとＣの重さを合計すると 95g，ＡとＣの重さを合計すると 84g でした。（7 点× 2 − 14 点）

(1) ＡとＢとＣの重さを合計すると何 g ですか。

(2) Ａの重さは何 g ですか。

7 家から駅までの道のりは 5440m です。家を出発し，はじめは毎分 400m で走り，途中から毎分 80m で歩いたら，駅まで 20 分かかりました。走った道のりは何 m ですか。（10 点）

8 40 人のクラスで算数のテストをしました。問題は３題で，１番と２番がそれぞれ３点，３番は４点で，１０点満点でした。得点別に人数をまとめると次の表のようになり，３番の解けた人の人数は 32 人で，平均点は 6.8 点でした。表のア，イ，ウの人数を求めなさい。（6 点× 3 − 18 点）

得点（点）	10	7	6	4	3	0
人数（人）	7	ア	イ	ウ	2	0

ア ＿＿，イ ＿＿，ウ ＿＿

➡解答は 82 ページ　月　日

26日 過不足算

何人かの子どもたちに画用紙を配るのに，Ｉ人に３枚ずつ配ると画用紙が 28 枚あまったので，Ｉ人に５枚ずつ配ろうとしたら画用紙が 20 枚たりませんでした。子どもの人数を求めなさい。また，画用紙は何枚ありましたか。

図で表すと次のようになります。

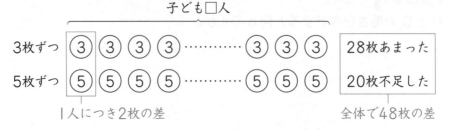

子ども□人

3枚ずつ ③ ③ ③ ③ ………… ③ ③ ③ 28枚あまった

5枚ずつ ⑤ ⑤ ⑤ ⑤ ………… ⑤ ⑤ ⑤ 20枚不足した

Ｉ人につき2枚の差　　全体で48枚の差

Ｉ人に３枚ずつ配るときとＩ人に５枚ずつ配るときを比べると，

Ｉ人に配る枚数の差は 5−3=2（枚），全体の差は 28+20=48（枚）

全体の差はＩ人に配る枚数の差が集まったものだから，

子どもの人数は，［①　］÷［②　］=［③　］（人）

このとき，画用紙の数は，［③　］×3+［④　］=［⑤　］（枚）

または，［③　］×5−［⑥　］=［⑤　］（枚）と求めることもできます。

ポイント 全体の差をＩ人Ｉ人の差でわって，人数を求めます。

1 何人かの子どもたちにキャラメルを配るのに，Ｉ人に３個ずつ配るとキャラメルが 28 個あまったので，Ｉ人に５個ずつ配ったら，それでもキャラメルが２個あまりました。子どもの人数とキャラメルの個数を求めなさい。

子ども□人

3 個ずつ ③ ③ ③ ③ ………… ③ ③ ③ 28 個あまった

5 個ずつ ⑤ ⑤ ⑤ ⑤ ………… ⑤ ⑤ ⑤ 2 個あまった

子ども［　　］，キャラメル［　　］

2 クラスの生徒から遠足の費用を集めるのに，1人850円ずつにすると800円不足し，1人880円ずつにすると160円あまります。遠足の費用はいくらですか。

3 ひろしさんは，ある本を決められた日数で読み終える予定を立てました。毎日12ページずつ読むと70ページ残り，毎日15ページずつ読むと28ページ残ることになります。

(1) この本は何ページありますか。

(2) 予定どおりに読み終えるには，1日何ページずつ読めばよいですか。

4 たまごをダンボールの箱につめるのに，1箱に12個ずつつめるとたまごが9個あまります。また，1箱に15個ずつつめると箱がちょうど1箱あまります。たまごは何個ありますか。

5 スキー教室でホテルに泊まることになりました。1部屋5人ずつにすると19人入れません。また，1部屋6人ずつにすると，5人になる部屋が1部屋できて，3部屋あまります。部屋の数と生徒の人数を求めなさい。

部屋 ＿＿＿，生徒 ＿＿＿

➡解答は 83 ページ　月　日

27日 平 均 算

今まで何回か行われた計算テストで，平均点は 70 点でしたが，今回のテストで 90 点をとったので，今回のテストをふくめると平均点は 72 点になりました。今回のテストは何回目のテストですか。

図に表すと，次のようになります。

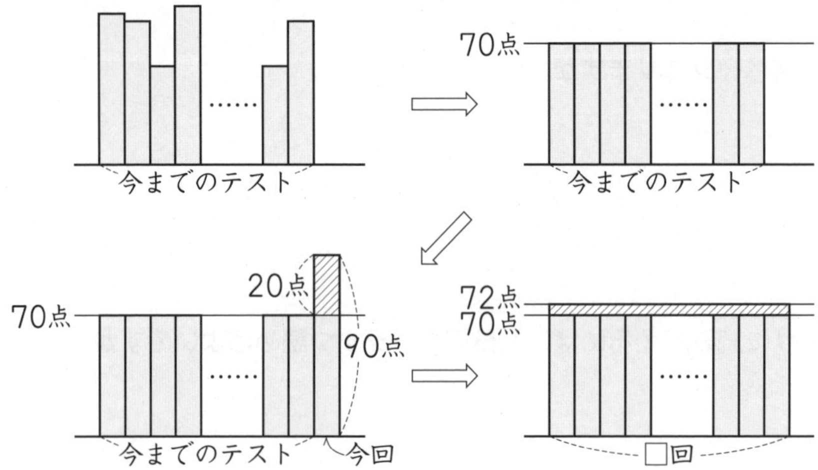

今回のテストで今までのテストの平均点より，90−70=［①　　］（点）高い点数をとっています。図の斜線(しゃせん)部分のように，この［①　　］点がならされて，平均点が 72−70=2（点）上がっています。

よって，今回をふくめたテストの回数は，［①　　］÷［②　　］=［③　　］（回）

したがって，今回のテストは［③　　］回目のテストです。

ポイント 今回のテストの点数とこれまでの平均点との差からテストの回数を求めます。

1 今まで何回か行われた算数のテストで，平均点は 83 点でしたが，今回のテストで 95 点をとったので，今回のテストをふくめると平均点は 85 点になりました。今回のテストは何回目のテストですか。

［　　　　］

2 次のそれぞれの問いに答えなさい。

(1) かいじさんのこれまで 4 回の算数のテストの平均点は 68 点です。平均点を 70 点以上にするためには，次のテストで何点以上とればよいですか。

(2) 男子 24 名，女子 16 名のクラスで体重をはかったところ，クラスの平均が 41.7kg，男子の平均が 41.1kg でした。女子の平均は何 kg ですか。

(3) 4 つの数 A，B，C，D があって，その平均はちょうど 77 です。また，C と D の平均は 84，A，B，C の平均は 74 です。C を求めなさい。

3 たけしさんのテストの成績は，1 回から 3 回までの平均点が 65 点で，1 回から 5 回までの平均点は 72 点です。また，5 回目は 4 回目より 9 点上がりました。たけしさんの 5 回目のテストは何点ですか。

4 A 組と B 組で同じテストをしたところ，全体の平均点が 86.4 点で，A 組だけの平均点は B 組だけの平均点より 4 点高かったそうです。A 組の人数は 38 人，B 組の人数は 42 人です。A 組の平均点は何点ですか。

➡解答は 84 ページ　月　日

28日 日暦算

今日は 7 月 21 日の木曜日です。あやかさんの誕生日は 10 月 3 日です。

(1) あやかさんの誕生日は，今日から何日後ですか。

7 月はあと ①[　] 日，8 月は ②[　] 日，9 月は ③[　] 日あるので，これに 10 月の 3 日をたすと，①[　] ＋ ②[　] ＋ ③[　] +3= ④[　] (日後)

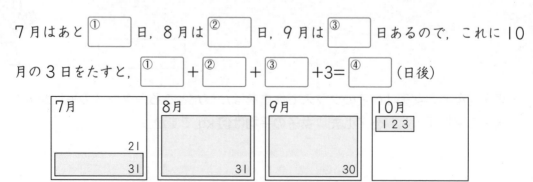

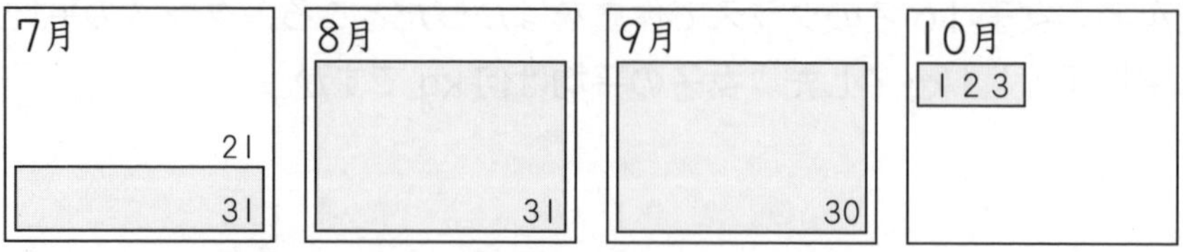

※それぞれの月が何日まであるかを覚えておきましょう。

1 月	2 月	3 月	4 月	5 月	6 月	7 月	8 月	9 月	10 月	11 月	12 月
31 日	28 日	31 日	30 日	31 日	30 日	31 日	31 日	30 日	31 日	30 日	31 日

(うるう年では 2 月は 29 日まであります)

(2) あやかさんの誕生日は，何曜日ですか。

曜日は 7 日ごとに同じ曜日がくり返されます。

④[　] ÷7= ⑤[　] あまり ⑥[　] だから，④[　] 日後の曜日は ⑥[　] 日後の曜日と同じになり，⑦[　] 曜日になります。

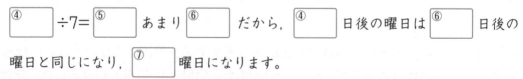

ポイント 曜日は 7 でわったときのあまりで考えます。

1 今日は 4 月 16 日の木曜日です。けんじさんの誕生日は 8 月 29 日です。

(1) けんじさんの誕生日は，今日から何日後ですか。

[　　　　]

(2) けんじさんの誕生日は，何曜日ですか。

[　　　　]

2 ある年の６月３日は日曜日です。同じ年の次の日は，それぞれ何曜日ですか。

(1) ８月７日

(2) ３月１日

3 ある年の５月１日は土曜日です。

(1) この日から１００日後は，何曜日ですか。

(2) この日から１００日後は，何月何日ですか。

4 ある年の元日（１月１日）は日曜日です。ただし，この年はうるう年ではありません。

(1) この年のちょうどまん中の日は，何月何日ですか。

(2) この年のちょうどまん中の日は，何曜日ですか。

5 ある年では，他の曜日に比べて，日曜日だけが１回多いそうです。この年の９月１日は，何曜日ですか。

➡解答は 84 ページ　　月　　日

29日 年　令　算

今，母は 41 才，2 人の子どもは，兄が 12 才，弟が 9 才です。

(1) 母の年令が兄の年令の 2 倍になるのは，今から何年後ですか。

今，母と兄の年令の差は 41−12=29(才) ですが，これは，何年たっても変わりません。

母の年令が兄の年令の 2 倍になったときの 2 人の年令は次の図のようになります。

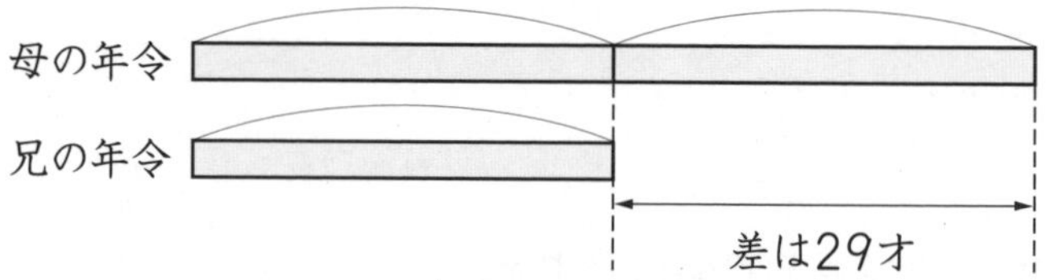

これより，兄の年令は ①□ 才，母の年令は ②□ 才であることがわかり，今の年令と照らし合わせると，これは ③□ 年後であることがわかります。

ポイント 2 人の年令の差はいつまでたっても変わりません。

(2) 兄弟の年令の和が母の年令と同じになるのは，今から何年後ですか。

今，兄と弟の年令の和は，12+9=21(才) で，母の年令との差は 20 才です。

1 年ごとに，母の年令は 1 才ずつ増えていきますが，兄と弟の年令の和は ④□ 才ずつ増えていくので，その差は 1 年ごとに ⑤□ 才ずつ小さくなっていきます。

したがって，兄弟の年令の和が母の年令と同じになるのは，⑥□ 年後です。

1 今，父は 32 才，子どもは 4 才です。父の年令が子どもの年令の 3 倍になるのは，今から何年後ですか。

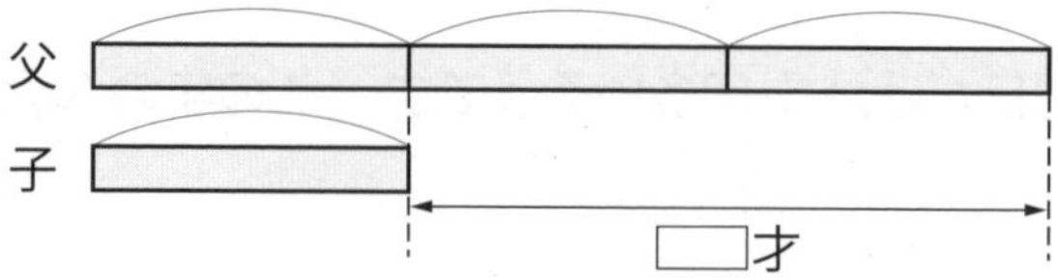

2 今，父は 42 才，子は 15 才です。父の年令が子の年令の 4 倍だったのは，今から何年前ですか。

3 今，母と子の年令の和は 56 才です。今からちょうど 6 年前には，母の年令は子の年令の 3 倍でした。今，子の年令は何才ですか。

4 兄は 3600 円，弟は 2000 円持っていました。今，2 人とも同じねだんのシューズを買ったので，兄の残金が弟の残金の 5 倍になりました。

(1) シューズを買った後の，兄と弟の残金の差は何円ですか。

(2) シューズのねだんはいくらですか。

5 今，父は 39 才，母は 35 才，2 人の子どもは，兄は 10 才，弟は 8 才です。

(1) 兄弟の年令の和が母の年令と同じになるのは，今から何年後ですか。

(2) 父と母の年令の和が，兄弟の年令の和の 2 倍になるのは，今から何年後ですか。

30日 まとめテスト (6)

➡解答は 85 ページ

月　日

時間 30分【はやい25分・おそい35分】
合格 80点
得点　点

❶ 今まで何回か行われた算数のテストで，平均点は 78 点でしたが，今回のテストで 96 点をとったので，今回のテストをふくめると平均点は 81 点になりました。今回のテストは何回目のテストですか。（10 点）

❷ ある長さのリボンを何人かの子どもたちに分けます。1 人に 25cm ずつ分けると 50cm 残り，1 人に 30cm ずつ分けると 40cm たりません。リボンの長さは何 cm ですか。（10 点）

❸ 今，母の年令は 39 才で，子の年令は 11 才です。母の年令が子の年令の 5 倍だったのは，今から何年前ですか。（10 点）

❹ ある年の 4 月 1 日は月曜日です。（10 点× 2 − 20 点）

(1) この年の 5 月で最初の月曜日は，5 月何日ですか。

(2) この年の 10 月 15 日は，何曜日ですか。

5 キャンディ 60 個とチョコレート 75 個があります。どちらも同じ数ずつ食べたので，残ったチョコレートの個数が残ったキャンディの個数の 4 倍になりました。何個ずつ食べましたか。（10 点）

6 あるクラスで算数のテストをしたところ，全員の平均点は 70 点でした。そのうち，ある 8 人の平均点が 76 点で，残りの人の平均点は 68.4 点でした。このクラスの人数を求めなさい。（10 点）

7 今，兄弟の年令の和は 20 才で，5 年後には 2 人の年令の比が 3：2 になります。今，兄は何才ですか。（10 点）

8 ある年の 1 月 1 日は水曜日です。4 年後の 1 月 1 日は，何曜日ですか。ただし，4 年に 1 回，うるう年があるとします。（10 点）

9 修学旅行で生徒の部屋わりをしました。1 部屋 6 人ずつにすると 3 人入れません。また，1 部屋 8 人ずつにすると，5 人の部屋が 1 部屋できて，5 部屋あまります。生徒の人数を求めなさい。（10 点）

➡解答は 86 ページ

月　日

時間 45分 【はやい40分・おそい50分】

合格 80点

得点　点

進級テスト

1 次のそれぞれの問いに答えなさい。（6点×5−30点）

(1) ある分数に，$\frac{35}{4}$をかけても，$4\frac{1}{6}$をかけても，答えはどちらも整数になります。このような分数のうち，もっとも小さい分数を求めなさい。

(2) 5つの数A，B，C，D，Eがあります。A，B，Cの平均が156，A，B，C，D，Eの平均が138のとき，D，Eの平均を求めなさい。

(3) 今，父は50才，長男は13才，次男は11才，三男は8才です。兄弟3人の年令の和が父の年令と同じになるのは，今から何年後ですか。

(4) 5でわると3あまり，7でわると2あまる整数のうち，もっとも小さい整数を求めなさい。

(5) 3，7，11，15，19，……のように，ある規則にしたがって数が並んでいます。はじめから40番目までの数の和を求めなさい。

2 次のそれぞれの図で，角 x の大きさを求めなさい。（7点×2−14点）

(1) 正方形を折り返した図

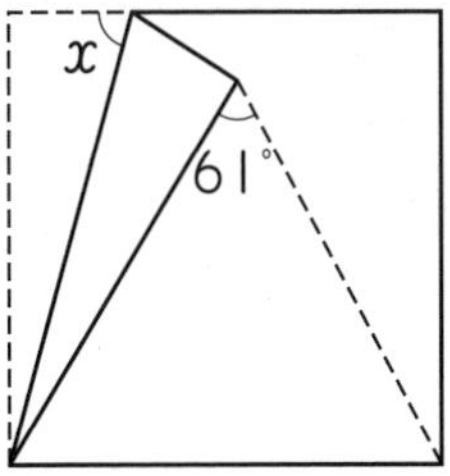

(2) 同じ印をつけた角の大きさは等しい

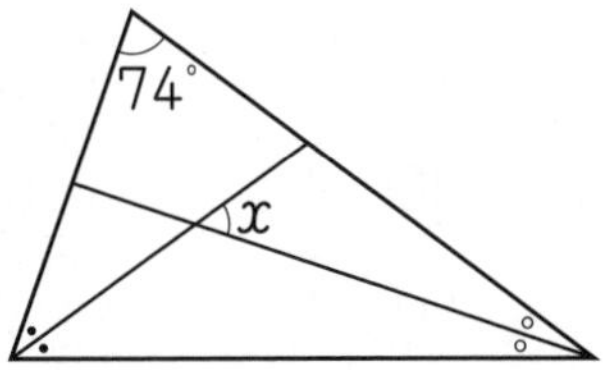

3 右の図はOを中心とする半円で，直径ABの長さは12cmです。（6点×2−12点）

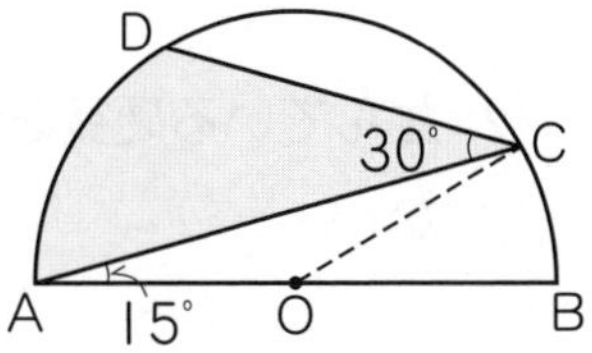

(1) 三角形AOCの面積は何 cm^2 ですか。

(2) 色のついた部分の面積は何 cm^2 ですか。

4 A君，B君，C君は同じ店でレモンとキウイを買いました。A君はレモン4個とキウイ3個を買って380円支払い，B君はレモン3個とキウイ2個を買って265円支払いました。また，C君はレモンとキウイを合わせて15個買って930円支払いました。（6点×2−12点）

(1) レモン1個のねだんはいくらですか。

(2) C君はレモンを何個買いましたか。

5 次のように，10円玉と100円玉を規則的に並べていきます。（6点×2－12点）

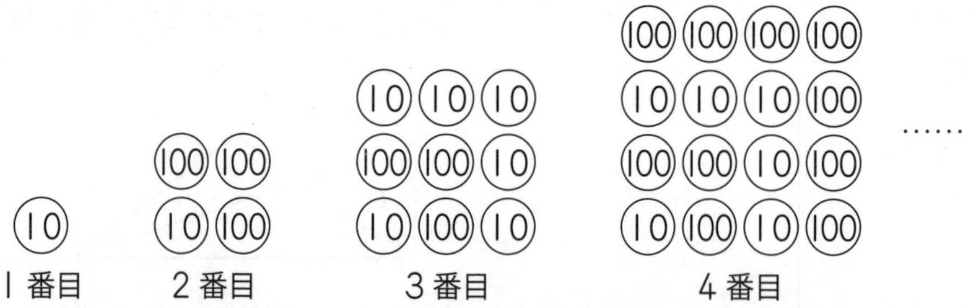

(1) 10番目に並んでいる硬貨をすべて合わせた金額はいくらになりますか。

(2) 並んでいる硬貨をすべて合わせた金額が，はじめて100の倍数になるのは何番目ですか。

6 右の図のように，AB=12cm，BC=9cmの長方形ABCDと，EF=6cm，FG=8cmの長方形EFGHが重なっています。長方形ABCDと長方形EFGHの重なっていない部分の面積の比が5：1であるとき，その2つの長方形が重なっている部分の面積は何cm^2ですか。（10点）

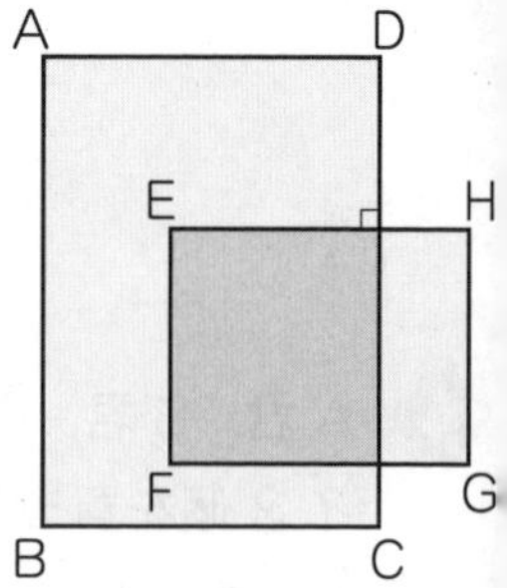

7 体育館の長いすに生徒が座ります。長いす1脚に6人がけすると，最後の2脚の長いすは4人がけになり，さらにもう1脚長いすがあまります。また，長いす1脚に5人がけすると3人が座れません。生徒の人数を求めなさい。（10点）

●1日 2～3ページ

①126 ②182 ③14 ④13

1 6cm

2 (1)9m (2)24本

3 (1)表 (2)10枚

解き方

1 実際に使うタイルよりも1辺が1cmずつ大きいタイルで左上のはしからすき間なくしきつめていくと，縦，横ともに，1cmずつ残ります。そこで，縦の長さが 148−1=147(cm)，横の長さが 92−1=91(cm) の長方形を考えると，このタイルをすき間なくしきつめることができます。したがって，このタイル（できるだけ大きいもの）の1辺の長さは，147と91の最大公約数で7cmであることがわかります。実際に使うタイルの1辺の長さはこれよりも1cm短いので，7−1=6(cm)

2 (1)木の本数をできるだけ少なくするのだから，木と木の間かくをできるだけ広くする必要があります。また，4つのかどに木を植えるためにその間かくは45mと63mの公約数でないといけないので，木と木の間かくは45と63の最大公約数で9mです。

(2)長方形のまわりの長さを1つの間かくの長さでわれば間かくの数が求められます。この数が木の本数になります。

(45+63)×2÷9=24(本)

3 (1)20の約数は1，2，4，5，10，20の6個なので，20のカードの裏表が逆になるのは，1の倍数，2の倍数，4の倍数，5の倍数，10の倍数，20の倍数の裏表を逆にしたときで，合計6回です。回数が偶数だから，20のカードは表を向いています。

(2)裏向きになっているカードは，約数の個数が奇数である数が書かれたカードです。例えば，20=1×20=2×10=4×5 だから，20の約数は「1，20，2，10，4，5」のように，かけて20になるものがペアで現れます。よって，このような数は約数の個数が必ず偶数になります。ところが，

36=1×36=2×18=3×12=4×9=6×6

より，36の約数は「1，36，2，18，3，12，4，9，6」となり，6だけが異なる2数のペアにならないので，約数の個数は奇数です。このように，約数の個数が奇数になる数は，同じ整数を2回かけた数（平方数といいます）です。1から100まででこのような数は，1，4，9，16，25，36，49，64，81，100の10個あります。

●2日 4～5ページ

①最小公倍数 ②24 ③840 ④35 ⑤36

1 (1)(6月)13日 (2)8月24日

2 (1)9個 (2)85個

3 83回

4 (1)12秒後 (2)51秒間

解き方

1 (1)「2日おき」というのは3日に1回，「3日おき」というのは4日に1回ということなので，2人は3と4の最小公倍数の12日に1回出会います。次に出会うのは6月1日の12日後で，6月13日です。

(2)水曜日は7日に1回あるので，2人が水曜日に出会うのは，3と4と7の最小公倍数の84日後です。6月1日の84日後は，6月85日→7月55日→8月24日

2 (1)次のように9個あります。

1	2	(3)	4	5	(6)	(7)
8	(9)	10	11	(12)	13	(14)
(15)	16	17	(18)	19	20	(21)

(2)21は両方の○がはじめて重なる数字なので，このように○をつけていくと，22～42，43～63，……，169～189の各21個ずつの

中にそれぞれ9個ずつ○がつき，残りの190～200までの11個の中には○が4個つくことになります。したがって，
189÷21=9，9×9+4=85(個)

3 2つの花火は，6分ごとに同時に打ち上げられます。Aの花火が打ち上げ終わるのは，
2×(50−1)=98(分後) だから，98分間に何回同時に打ち上げられるかを求めます。
98÷6=16 あまり2だから，最初の1回もふくめると，16+1=17(回) です。
花火は，50+50=100(発) 打ち上げられますが，音は17回は重なって1つに聞こえるので，100−17=83(回)

4 (1)赤いふん水は，3+1=4(秒) ごと，青いふん水は，4+2=6(秒) ごとにふき出すので，4と6の最小公倍数 (=12秒) ごとに同時にふき出します。
(2)2つのふん水の12秒後までのようすは次のようになり，これが何回もくり返されます。

0 1 2 3 4 5 6 7 8 9 10 11 12秒後

赤	○	○	○		○	○	○		○	○	○	
青	○	○	○	○			○	○	○	○		
	↑	↑	↑				↑		↑	↑		

(○…ふん水が出ている時間)

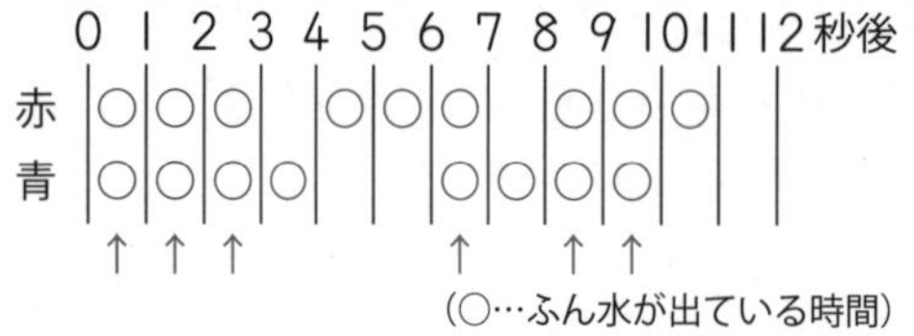

12秒後までの間に，2つのふん水が同時に出ている時間の合計は6秒間です。
100÷12=8 あまり4より，100秒後までの間には，このくり返しが8回あり，さらにあまりの4秒のうち3秒間は同時に水が出ているので，同時に水が出ている時間の合計は，
6×8+3=51(秒間)

チェックポイント このように，くり返しのある問題では，くり返しが現れるまでのようすをかき出して調べてみることが大切です。

●3日 6～7ページ

①21　②最小公倍数　③309

1 (1)11　(2)31　(3)291
2 (1)97　(2)1015
3 (1)71　(2)344
4 (1)43　(2)323

解き方

1 (1)4でわると3あまる整数は，3，7，11，15，19，……，5でわると1あまる整数は，1，6，11，16，21，26，……より，もっとも小さい整数は11です。
(2)4と5の最小公倍数は20だから，小さい方から2番目の整数は，11+20=31 です。
(3)11+20×14=291，11+20×15=311 で，291のほうが300に近いので，答えは291です。

2 (1)このような整数の中でもっとも小さい整数は7です。6と9の最小公倍数は18だから，7+18×□ で求めることのできる整数のうち，2けたでもっとも大きいものを求めると，
7+18×5=97
(2)同様に，4けたでもっとも小さいものを求めると，7+18×56=1015

3 (1)7を加えると13でわり切れる整数は，13の倍数より7小さい整数だから，6，19，32，45，58，71，84，……，13を加えると7でわり切れる整数は，7の倍数より13小さい整数だから，1，8，15，22，29，36，43，50，57，64，71，78，……のように調べていくと，もっとも小さい整数は71であることがわかります。
別解 7を加えると13の倍数になる整数は，さらに13を加えても13の倍数になります。つまり，20を加えると13の倍数になる整数です。同様に，13を加えると7の倍数になる整数は，さらに7を加えても7の倍数になります。つまり，20を加えると7の倍数になる整数です。したがって，求める整数は，「20を加えると13と7の公倍数になる」整数のことだから，もっとも小さい整数は，
91−20=71 です。
(2)71+91×□ で求めることのできる整数のうち，300にもっとも近いものは，
71+91×2=253，71+91×3=344 より，344です。

4 (1)3，13，23，33，43，53，……の中で7でわると1あまる最小の整数を見つけると，

43 になります。

(2)このような整数は 10 と 7 の最小公倍数である 70 ごとに現れるので，5 番目の整数は，
$43+70\times(5-1)=323$

チェックポイント　5 番目の整数を，
$43+70\times5=393$ としないように注意しましょう。

●4日 8～9ページ

①1　②35　③15　④$\frac{60}{7}$

1 $\frac{48}{11}$

2 (1)8 個　(2)4

3 $\frac{22}{41}$

4 $\frac{13}{27}$

5 $\frac{1}{4}+\frac{1}{8}$，$\frac{1}{3}+\frac{1}{24}$

解き方

1 $2\frac{1}{16}=\frac{33}{16}$，$3\frac{5}{24}=\frac{77}{24}$ のように，仮分数にしてから考えます。分母は 33 と 77 の最大公約数で 11，分子は 16 と 24 の最小公倍数で 48 だから，求める分数は$\frac{48}{11}$です。

2 (1)$30=2\times3\times5$ だから，分子が 2，3，5 のいずれでもわり切れない数であれば，約分できません。約分できないのは，$\frac{1}{30}$，$\frac{7}{30}$，$\frac{11}{30}$，$\frac{13}{30}$，$\frac{17}{30}$，$\frac{19}{30}$，$\frac{23}{30}$，$\frac{29}{30}$の 8 個です。

(2)$\frac{1}{30}+\frac{29}{30}=1$，$\frac{7}{30}+\frac{23}{30}=1$，
$\frac{11}{30}+\frac{19}{30}=1$，$\frac{13}{30}+\frac{17}{30}=1$，のように，和が 1 になる組が 4 組できるので，答えは 4 です。

3 分子に 5 を加え，分母から 5 をひいても，分子と分母の和は 63 のままです。分子と分母の和が 63 で約分して$\frac{3}{4}$になる分数は，$\frac{3}{4}$の分子と分母を，$63\div(3+4)=9$(倍) した$\frac{27}{36}$だから，$27-5=22$，$36+5=41$ より，もとの分数は$\frac{22}{41}$です。

4 分子と分母にそれぞれ 15 を加えても，分母と分子の差は変わりません。分母と分子の差が 14 で，約分して$\frac{2}{3}$になる分数は，$\frac{2}{3}$の分子と分母を，$14\div(3-2)=14$(倍) した$\frac{28}{42}$だから，$28-15=13$，$42-15=27$ より，もとの分数は$\frac{13}{27}$です。

5 $\frac{3}{8}$は$\frac{1}{3}$より大きい分数だから，$\frac{3}{8}$から$\frac{1}{3}$をひいてみると，$\frac{3}{8}-\frac{1}{3}=\frac{1}{24}$ となり，これより，
$\frac{1}{3}+\frac{1}{24}=\frac{3}{8}$
また，$\frac{1}{4}$をひいてみると，$\frac{3}{8}-\frac{1}{4}=\frac{1}{8}$ となり，これより，$\frac{1}{4}+\frac{1}{8}=\frac{3}{8}$

●5日 10～11ページ

❶ (1)9m　(2)18 本

❷ (1)80　(2)110

❸ (1)126 と 414　(2)9

❹ 54 枚

❺ (1)$\frac{20}{7}$　(2)$\frac{13}{16}$　(3)$\frac{13}{37}$

❻ (1)25 枚　(2)7 枚

解き方

❶ (1)36 と 45 の最大公約数の 9m にします。
(2)土地のまわりは $(36+45)\times2=162$(m) だから，9m 間かくで植えるには，
$162\div9=18$(本) 必要です。

❷ (1)7 と 11 の最小公倍数 (=77) よりも 3 大きい 80 です。

(2)4でわると2あまる整数は2，6，10，14，18，22，26，30，34，……，7でわると5あまる整数は5，12，19，26，33，40，……だから，もっとも小さい整数は26です。あとは，4と7の最小公倍数（=28）ごとに現れるので，100にもっとも近いものは，

$26+28\times3=110$

3 (1)133からあまりの7をひくとわり切れます。また，420からあまりの6をひくとわり切れます。したがって，このような整数は，

$133-7=126$ と $420-6=414$ の公約数です。

(2)126と414の最大公約数は18だから，このような整数は18の約数（1，2，3，6，9，18）の中にあります。あまりが7，6とあるので，7よりも大きい数になります。したがって，ある整数は18か9のどちらかで，もっとも小さい整数は9となります。

4 もっとも小さい正方形は1辺が12cmで，長方形の紙を6枚使います。これを4つ集めると2番目に小さい正方形ができ，9つ集めると3番目に小さい正方形ができるので，長方形の紙は $6\times9=54$（枚）必要です。

5 (1) $\frac{□}{△}\times\frac{7}{4}=$（整数），$\frac{□}{△}\times\frac{21}{10}=$（整数）となるような分数 $\frac{□}{△}$ のうち，もっとも小さいものを求めます。△は7と21の最大公約数，□は4と10の最小公倍数になるから，求める分数は $\frac{20}{7}$

(2) $\frac{7}{9}$ の分子である7を13にするためには分子と分母に $\frac{13}{7}$ をかけなくてはならないので，

求める分数の分母は $9\times\frac{13}{7}=\frac{117}{7}=16\frac{2}{7}$ より小さい。

$\frac{6}{7}$ の分子である6を13にするためには分子と分母に $\frac{13}{6}$ をかけなくてはならないので，

求める分数の分母は $7\times\frac{13}{6}=\frac{91}{6}=15\frac{1}{6}$ より大きい。したがって，求める分数は $\frac{13}{16}$

別解　一般に，2つの分数の分子どうし，分母どうしをたしてできる分数は，2つの分数の間の大きさになります。これより，

$\frac{7}{9}<\frac{7+6}{9+7}\left(=\frac{13}{16}\right)<\frac{6}{7}$

(3)分母と分子にそれぞれ3ずつ加えると，分母と分子の和は $50+3+3=56$ になります。

分母と分子の和が56で，約分すると $\frac{2}{5}$ になる分数は，$\frac{2}{5}$ の分子と分母を，

$56\div(2+5)=8$（倍）した $\frac{16}{40}$ だから，もとの分数は，

$16-3=13$，$40-3=37$ より，$\frac{13}{37}$

6 (1)裏表を逆にするカードは2の倍数のカードと3の倍数のカードですが，そのうち6の倍数のカードは2回裏返されて表を向いています。2の倍数のカードは $50\div2=25$（枚），3の倍数のカードは $50\div3=16$ あまり2より16枚，6の倍数のカードは $50\div6=8$ あまり2より8枚あるので，裏を向いているカードは全部で $(25-8)+(16-8)=25$（枚）あります。したがって，表を向いているカードの枚数は，$50-25=25$（枚）

(2)表を向いているのは，2以上の約数がないか，2以上の約数の個数が偶数である数字が書かれたカードです。つまり，1をふくめると，約数の個数が奇数個であるものです。したがって，50以下の平方数（同じ整数を2回かけた数）の個数を求めると，1，4，9，16，25，36，49の7枚です。

●6日 12～13ページ

①29　②89　③74　④1365

1 (1)313　(2)30番目　(3)3195

2 (1)19番目…58，40番目…121　(2)1911

3 (1)17 (2)900

解き方

1 (1)5 から始まって 7 ずつ増えていく数の列です。45 番目の数は，5+7×(45−1)=313

(2)208 が□番目だとすると，
5+7×(□−1)=208 より，
□=(208−5)÷7+1=30(番目)

(3)1 番目の数 5 から 30 番目の数 208 までの和は，(5+208)×30÷2=3195

2 (1)4 から始まって 3 ずつ増えていく数の列です。19 番目の数は，4+3×(19−1)=58，
40 番目の数は，4+3×(40−1)=121

(2)1 番目の数から 40 番目の数までの和は，
(4+121)×40÷2=2500，
1 番目の数から 19 番目の数までの和は，
(4+58)×19÷2=589 だから，20 番目から 40 番目の数までの和は，
2500−589=1911

3 (1)次のように，はじめから 1 個，2 個，3 個，……とグループに分けていきます。

1, | 1, 3, | 1, 3, 5, | 1, 3, 5, 7, | 1, 3, 5, 7, 9,
①　②　③　④　⑤

(1+2+3+4+……+13)+9=100 になるので，100 番目の数は，⑭グループの 9 番目の数にあたります。⑭グループには，1 から順に 14 個の奇数がならんでいるので，9 番目の奇数は 17 です。

(2)グループごとの数の和は，①グループが 1，
②グループが，1+3=4，
③グループが，1+3+5=9，
④グループが，1+3+5+7=16 のようにグループにある数の個数を 2 回かけた平方数になっています。したがって，⑬グループまでの数の和は，1+4+9+16+25+36+49+64+81+100+121+144+169=819 で，残り 9 個の奇数の和が 81 だから，100 番目までの数の和は，819+81=900

チェックポイント 1+3+5+7+9+11+13+15+17 のように，1 から連続する□個の奇数の和は，□×□ になります。

●7日 14～15ページ

①6 ②8 ③2 ④4 ⑤4 ⑥12 ⑦2 ⑧9

1 (1)7 (2)454

2 (1)9 (2)0

3 (1)(1, 2, 3, 4, 5) (2)(5, 2, 3, 1, 4)

4 (1)157 (2)薬指

解き方

1 (1)2÷7 の計算は右のようになり，小数点以下に 6 つの数「285714」がくり返し出てきます。100÷6=16 あまり 4 だから，小数第 100 位の数は小数第 4 位の数と同じなので，7 です。

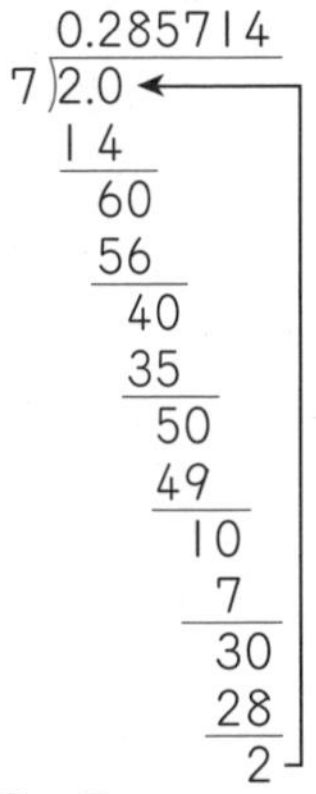

(2)(2+8+5+7+1+4)×16
+(2+8+5+7)=454

2 (1)3，3×3→9，3×3×3→9×3→7，
3×3×3×3→7×3→1，
3×3×3×3×3→1×3→3，……のように，一の位の数字は「3，9，7，1」のくり返しになります。30÷4=7 あまり 2 より，3 を 30 個かけたときの一の位の数字は，3 を 2 個かけたときの一の位の数字と同じなので，9 です。

(2)7→07，7×7→49，
7×7×7→49×7=343→43，
7×7×7×7→43×7=301→01，
7×7×7×7×7→01×7→07，……のように，下 2 けたの数は「07，49，43，01」のくり返しになります。
77÷4=19 あまり 1 より，7 を 77 個かけた答えの下 2 けたの数は 07 です。したがって，十の位の数字は 0 です。

3 (1)数字ごとに変わるようすを調べると次のようになります。
1→4→5→1，2→3→2，3→2→3，
4→5→1→4，5→1→4→5
1，4，5 は 3 回でもとにもどり，2 と 3 は2 回でもとにもどるから，6 回変えると，すべての数がもとにもどって，(1，2，3，4，5) になります。

(2)6 回でもとにもどるので，

50÷6=8 あまり 2 より，50 回変えたときの 5 つの数は，2 回変えたときの 5 つの数と同じで，(5，2，3，1，4) です。

4 (1)1 から 8 まで数えると，9 からはまた親指からはじまります。1 から 8 までの中で小指は 1 回数えるので，20 回目を数えたときの数は，8×19+5=157

(2)500÷8=62 あまり 4 より，500 を数えたときの指は 4 を数えたときの指と同じで，薬指です。

●8日 16～17ページ

①10　②10　③100　④9　⑤58

1 289cm^2

2 (1)青…81 個，白…100 個　(2)400cm

(3)13 番目

3 (1)青…45 個，白…55 個　(2)78 個

解き方

1 まわりの長さが 100cm になる図形が□番目の図形だとすると，4+6×(□−1)=100 より，□=17　このとき，図形の面積は，

17×17=289(cm^2)

2 (1)例えば 4 番目の図形を見ると，白い正方形が，4×4=16(個) と青い正方形が，3×3=9(個) ならんでいます。同じように，10 番目の図形では，白い正方形が，10×10=100(個) 青い正方形が，9×9=81(個)

(2)例えば 2 番目や 4 番目の図形を見ると，白い正方形のまわりの長さの和が，図形をつくっている直線の長さの合計と等しいことがわかります。10 番目の図形では白い正方形が 100 個ならんでいるので，求める長さの合計は，

4×100=400(cm)

(3)使われている青と白の個数の差を調べると，1 番目の図形が 1 個，2 番目の図形が 3 個，3 番目の図形が 5 個，4 番目の図形が 7 個，……というように，1 から始まる奇数になることがわかります。25 は 13 番目の奇数だから，差が 25 個になるのは 13 番目の図形です。

3 (1)青が，1+2+3+4+……+9=45(個)

白が，1+2+3+4+……+10=55(個)

(2)1+2+3+4+……+13=91 より，13 番目の図形で，青い正三角形は，

1+2+3+4+……+12=78(個)

●9日 18～19ページ

①14　②42　③135　④93　⑤9　⑥135

⑦121

1 124cm^2

2 (1)592cm^2　(2)236cm

3 (1)14.5cm^2　(2)5cm^2　(3)15cm^2

4 138.16cm

解き方

1 正方形と正方形の重なった部分の面積は，正方形の面積の 4 分の 1 だから 4cm^2 です。正方形を 10 個重ねると，重なる部分は 9 か所できるので，図形全体の面積は，

4×4×10−4×9=124(cm^2)

2 (1)正方形の面積は，5×5=25(cm^2)，重なる部分の面積は，2×2=4(cm^2) だから，正方形を 1 個重ねるごとに，25−4=21(cm^2) ずつ面積が増えていくと考えます。28 個重ねると，25+21×(28−1)=592(cm^2)

(2)正方形を□個重ねたとすると，

25+21×(□−1)=403 より，□=19

図形全体のまわりの長さは正方形が 1 個のときは 20cm で，1 個重ねるごとに 12cm ずつ増えていくので，20+12×(19−1)=236(cm)

3 (1)三角形 1 個の面積は，

3×3÷2=4.5(cm^2)

で，1 個重ねるごとに

2.5cm^2 ずつ増えていくので，図形全体の面積は，

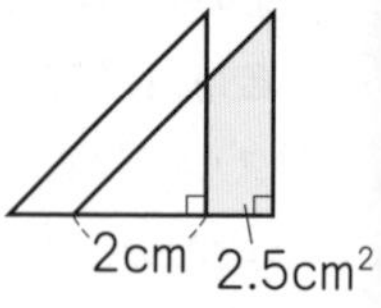

4.5+2.5×(5−1)=14.5(cm^2)

(2)紙が 2 重に重なっている部分は下の図の 4 か所です。

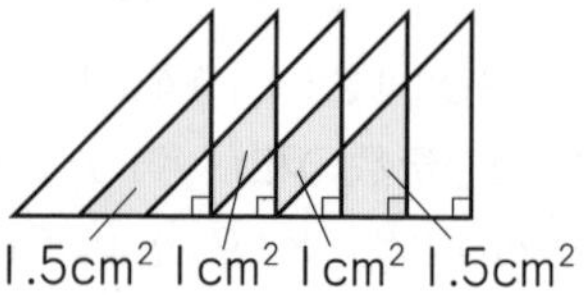

1.5×2+1×(4−2)=5(cm^2)

(3)同様に，紙を 15 枚重ねると，紙が 2 重に重なっている部分は 14 か所でき，1.5cm^2 が 2 か所，1cm^2 が 14−2=12(か所) だから，

1.5×2+1×12=15(cm²)

4 円1個の円周の長さは，
3×2×3.14=18.84(cm) で，下の図の太線部分の長さは，1か所につき，
$3\times2\times3.14\times\frac{240}{360}=12.56$(cm)
だから，図形全体のまわりの長さは，
18.84×20−12.56×(20−1)=138.16(cm)

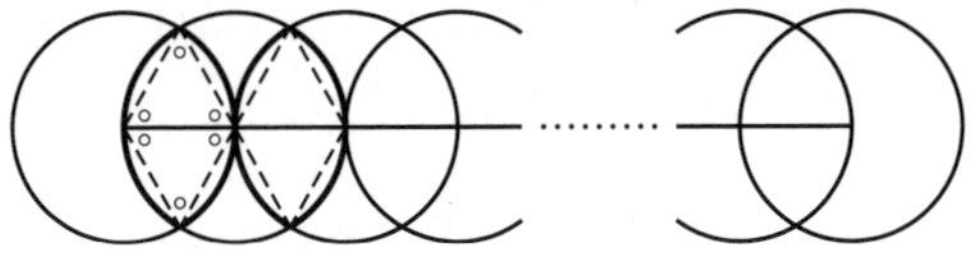

○=60°

●10日 20～21ページ

❶ (1)$\frac{29}{44}$ (2)116
❷ (1)6 (2)205
❸ (1)385 (2)15個
❹ (1)36個 (2)48cm (3)19番目
❺ (1)392cm² (2)154cm (3)1.5

解き方

❶ (1)分母は2から始まって3ずつ増えていくので，15番目は，2+3×(15−1)=44，分子は1から始まって2ずつ増えていくので，15番目は，1+2×(15−1)=29，したがって，15番目の分数は$\frac{29}{44}$です。
(2)分子が77である分数が□番目の分数だとすると，1+2×(□−1)=77 より，□=39 とわかります。よって，39番目の分数の分母を求めると，2+3×(39−1)=116

❷ (1)第1グループを「1」,第2グループを「2, 1」，第3グループを「3，2，1」，第4グループを「4，3，2，1」，第5グループを「5，4，3，2，1」，……のようにグループ分けして考えます。(1+2+3+……+9)+5=50 より，50番目の数は第10グループの5番目の数です。第10グループは「10，9，8，7，6，5，4，3，2，1」だから，第10グループの5番目の数は6です。
(2)グループごとに和を求めて，
1+3+6+10+15+21+28+36+45+(10+9+8+7+6)=205

❸ (1)第1グループを「1」,第2グループを「1，2，1」，第3グループを「1，2，3，2，1」，第4グループを「1，2，3，4，3，2，1」，……のようにグループ分けして考えます。
グループの数の個数は，奇数の小さい順になるので，個数の和が 100=10×10 になるのは10番目の奇数までの和です。だから，100番目の数は第10グループの最後の数です。したがって，グループごとに第10グループまでの和を求めて，
1+4+9+16+25+36+49+64+81+100=385
(2)3は第3グループに1個，第4グループから第10グループまでにそれぞれ2個ずつ出てくるので，1+2×7=15(個)

❹ (1)偶数番目の図形を見ていくと，2番目の図形には青い正方形が1個，4番目の図形には青い正方形が，1+3=4(個)，6番目の図形をかいてみると，青い正方形が，1+3+5=9(個)ならんでいます。このことから，12番目の図形にならんでいる青い正方形は，
1+3+5+7+9+11=36(個)

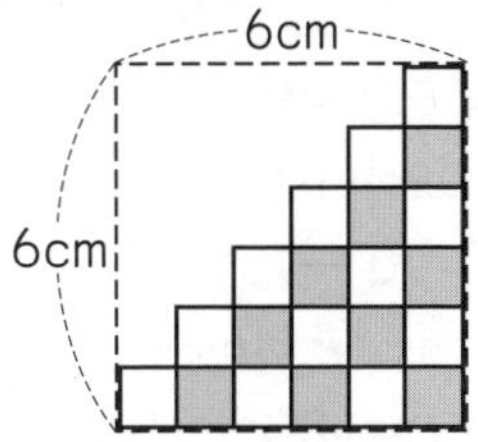

6番目の図形

(2)例えば，6番目の図形のまわりの長さは，点線の正方形のまわりの長さと等しいので，
6×4=24(cm) になります。同様にして，
12番目の図形のまわりの長さは，
12×4=48(cm)
(3)青い正方形の方が多いのは，奇数番目の図形です。青い正方形と白い正方形の個数の差は，1番目が1個，3番目が2個，5番目の図形をかいてみると3個，……となるので，個数の差が10個になるのは19番目の図形です。

❺ (1)重なる部分の面積が1か所につき，

$2×6=12$(cm^2) になるので，合わせて 10 枚重ねて並べたとき，図形全体の面積は，
$8×8×5+6×6×5-12×9=392$(cm^2)

(2)重なる部分のまわりの長さが 1 か所につき，$(1+6)×2=14$(cm) になるので，合わせて 10 枚重ねて並べたとき，図形全体のまわりの長さは，
$8×4×5+6×4×5-14×9=154$(cm)

(3)$8×8×8+6×6×7=764$(cm^2) より，面積が 638cm^2 になったということは，重なる部分が全部で，$764-638=126$(cm^2) になったということです。重なる部分は 14 か所あるので，1 か所につき，$126÷14=9$(cm^2) です。したがって，□$=9÷6=1.5$(cm)

● 11 日 22 ～ 23 ページ

①90　②150　③15　④15　⑤75

1 $x=75°$，$y=150°$
2 $x=108°$，$y=81°$
3 $x=70°$，$y=70°$
4 $x=38°$，$y=19°$
5 $x=38°$，$y=104°$

解き方

1 CE=CD だから，三角形 CDE は二等辺三角形です。角 ECD$=90°-60°=30°$ だから，
$x=$角 CDE$=(180°-30°)÷2=75°$
角 EDA$=90°-75°=15°$，角 EAD の大きさも同様に 15°とわかるので，
$y=$角 AED$=180°-15°×2=150°$

チェックポイント 正多角形を組み合わせた角度の問題では二等辺三角形がよく現れます。必ず等しい長さにチェックを入れるようにしましょう。

2 x は正五角形の 1 つの角の大きさです。正五角形の 5 つの角の大きさの和は
$180°×3=540°$ だから，
$x=540°÷5=108°$
CB=CF より，三角形 CBF は二等辺三角形で，角 BCF$=108°-90°=18°$ だから，
$y=$ 角 CFB$=(180°-18°)÷2=81°$

チェックポイント ○角形の角の大きさの和は，$180°×(○-2)$ で求められます。
よって，五角形の 5 つの角の大きさの和は，
$180°×(5-2)=540°$

3 三角形 ABC と三角形 DEC は合同な三角形だから，下の図のように，AC=DC，BC=EC になります。また，C を中心に 40°回転させたことから，角 ECB= 角 ACD=40° だから，
$x=y=(180°-40°)÷2=70°$

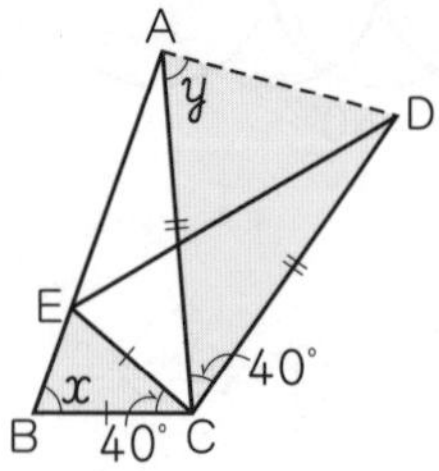

4 $x=180°-71°×2=38°$
また，AB=AD だから三角形 ABD は二等辺三角形で，角 BAD$=60°+38°=98°$ より，
角 ABD$=(180°-98°)÷2=41°$ です。
したがって，$y=60°-41°=19°$

5 二等辺三角形の角と，三角形の外角に着目して次のように角度を調べていくと，$x=38°$
$y=180°-76°=104°$

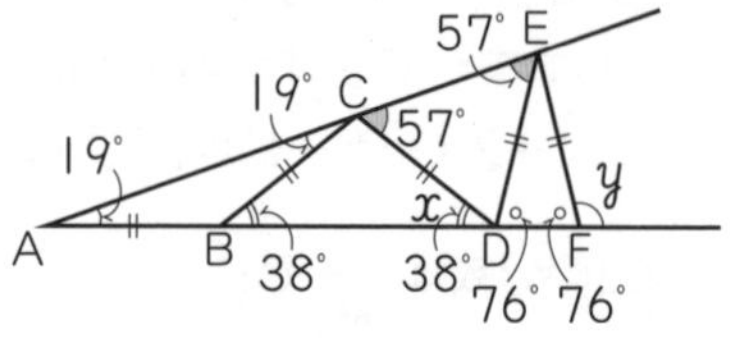

● 12 日 24 ～ 25 ページ

①540　②108　③52　④20

1 39°
2 62°
3 (1)120°　(2)43°
4 85°
5 (1)51°　(2)51°

解き方

1 次の図で，$111°+$●$=180°$ になるので，
●$=180°-111°=69°$ だから，
○$=180°-(69°+36°)=75°$，
△$=180°-75°×2=30°$
よって，$x=180°-(111°+30°)=39°$

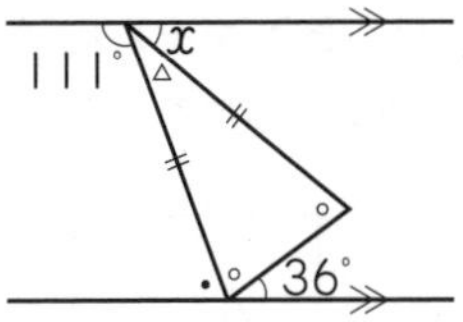

2 下の図のように平行な直線をひくと，
●=23°，○=40°−23°=17°，
△=45° だから，x=17°+45°=62°

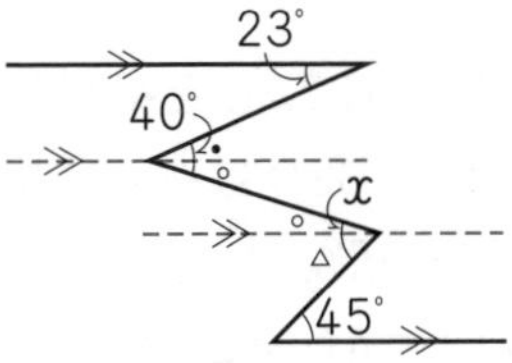

3 (1)六角形の 6 つの角の大きさの和は
180° ×4=720° だから，正六角形の 1 つの
角の大きさは，720°÷6=120°
(2)下の図のように考えると，
x+●=180°−60°×2=60° だから，
x=60°−17°=43°

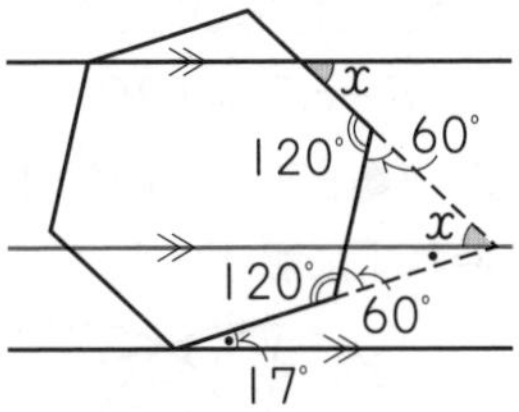

4 AB//CD で，角 BCD=50°+60°=110°
だから，角 ABC=180°−110°=70°
よって，角 ABE=70°−60°=10°
三角形 ABE は二等辺三角形なので，
x=(180°−10°)÷2=85°

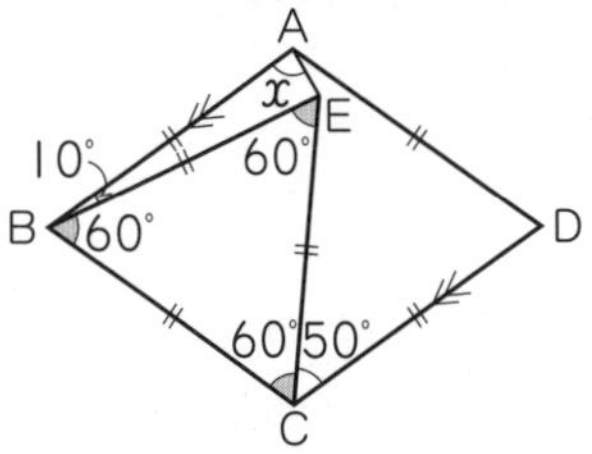

5 (1)下の図で，●=180°−(15°+108°)=57°
だから，x=108°−57°=51°

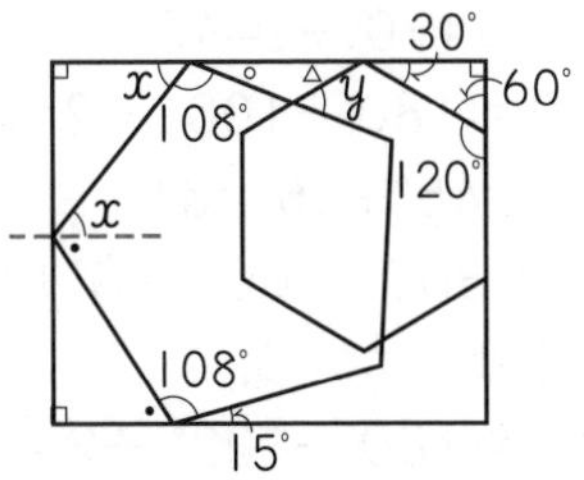

(2)○=180°−(51°+108°)=21°
△=180°−(120°+30°)=30°
だから，y=○+△=21°+30°=51°

● 13 日 26 ～ 27 ページ

①42 ②69 ③21 ④48 ⑤66

1 (1)79° (2)19°
2 70°
3 x=30°，y=108°
4 42°
5 (1)38° (2)108°

解き方

1 (1)x=角 BAD+角 ABD=19°+60°=79°
(2)AE=AC だから，三角形 AEC は二等辺三角
形です。角 EAC=60°−19°×2=22° だから，
角 ACE=(180°−22°)÷2=79°
したがって，
y=角 ACE−角 ACB=79°−60°=19°

2 下の図より，x=(180°−40°)÷2=70°

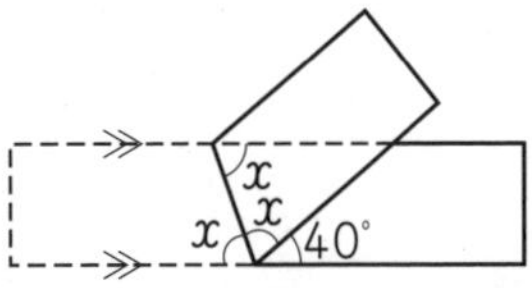

チェックポイント このようにテープを折り返したとき，長方形の向かい合う辺は平行だからアとイは等しく，イとウは折り返しで等しいので，ア=イ=ウ となり，重なる部分は二等辺三角形になります。

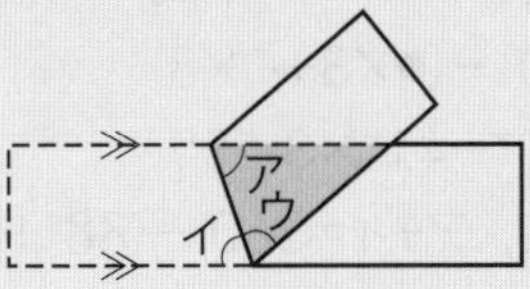

3 OA=OC=AC だから，三角形 CAO は正三角
形です。また，角 CAD=角 OAD より，
x=60°÷2=30°
次に，角 ODA=180°−(30°+114°)=36°
だから，角 ODC=角 ODA×2=36°×2=72°
したがって，y=180°−72°=108°

4 次の図で，●=180°−(60°+78°)=42°
○=180°−(60°+42°)=78°
x=180°−(60°+78°)=42°

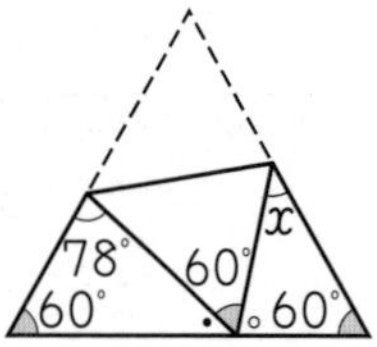

5 (1)下の図で，●=32° だから，

角 BAC=40°+32°×2=104°

よって，角 ABC=(180°−104°)÷2=38°

(2)三角形 ABE は二等辺三角形だから，

角 AEB=(180°−40°)÷2=70°

よって，角 BED=70°+38°=108°

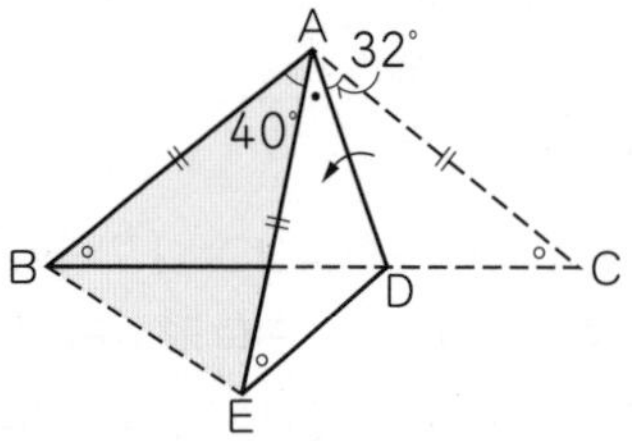

● 14 日 28 ～ 29 ページ

①61　②119　③100　④80

1 (1)139°　(2)57°

2 76°

3 45°

4 92°

5 60°

解き方

1 (1)三角形 DBC で，

●×2+○×2=180°−98°=82° だから，

●+○=82°÷2=41°

したがって，

x=180°−(●+○)=180°−41°=139°

(2)y=180°−(●×3+○×3)

=180°−41°×3=57°

2 下の図で，ア+イ=360°−(88°+120°)=152°

ア+イ+●×2+○×2=180°×2=360° だから，

●×2+○×2=360°−152°=208°

●+○=208°÷2=104°

x=180°−104°=76°

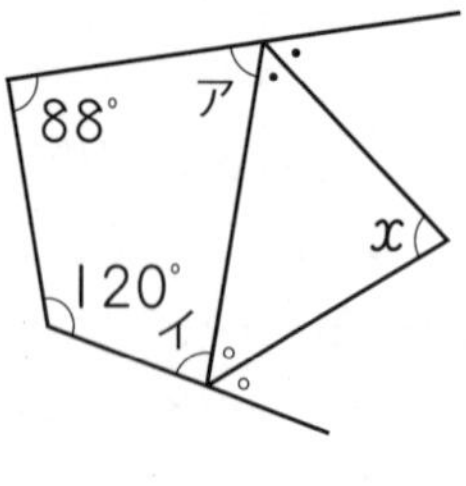

3 下の図より，BD は正方形 ABCD の対角線であることがわかるので，角 ABD=45°

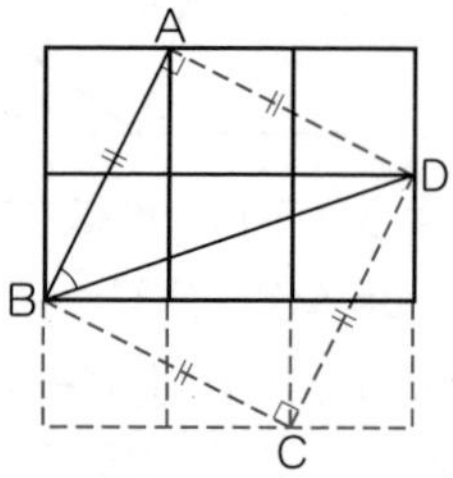

4 下の図のように AB と平行な直線 DE をひくと，四角形 ABED は平行四辺形，三角形 DEC は二等辺三角形となり，

x=角 ADC=46°×2=92°

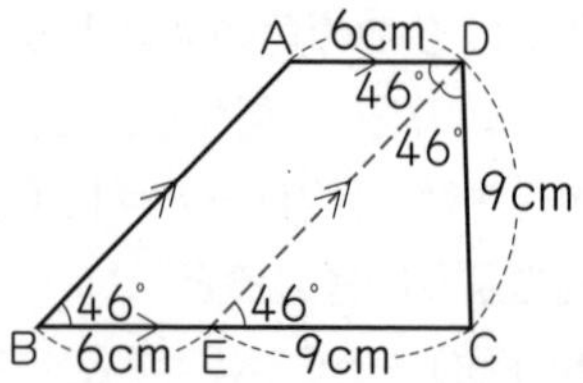

5 円の半径は等しいので，下の図のように，二等辺三角形や正三角形ができます。

●+○=180°−60°=120° だから，

x=180°−(●+○)=180°−120°=60°

(82°は使わずに解けます)

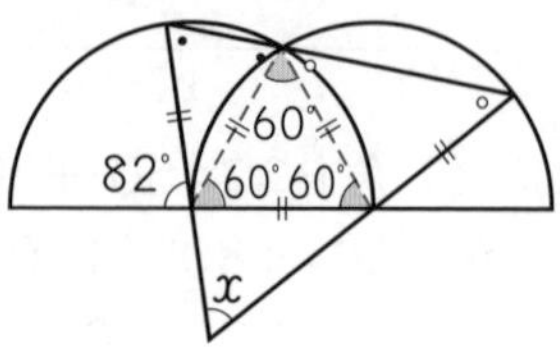

● 15 日 30 ～ 31 ページ

❶ (1)81°　(2)39°

❷ (1)10°　(2)19°

❸ 51°

❹ (1)27°　(2)139°

❺ (1)111°　(2)21°

❻ (1)44°　(2)81°

解き方

❶ (1)角 ACD=90°÷2=45°，

角 DCH=(180°−108°)÷2=36° より，

角 ACH=45°+36°=81°

(2)角 EDH=360°−(60°+90°+108°)=102°

で，DE=DH だから，

角 DEH=(180°−102°)÷2=39°

❷ (1)x=20° のとき，下の図のような角度になり，y=180°−(90°+20°+60°)=10°

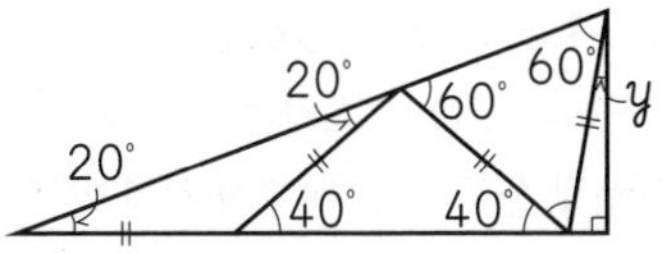

(2)y=14°のとき，下の図より，
x+(x×3)+14°+90°=180° になればよいことから，
x×4=76°，x=19°

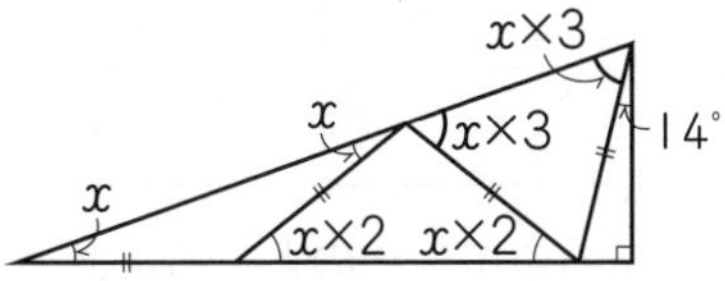

❸ 三角形 EBD の部分を裏返して三角形 ADC とくっつけると，二等辺三角形 AEC ができます。

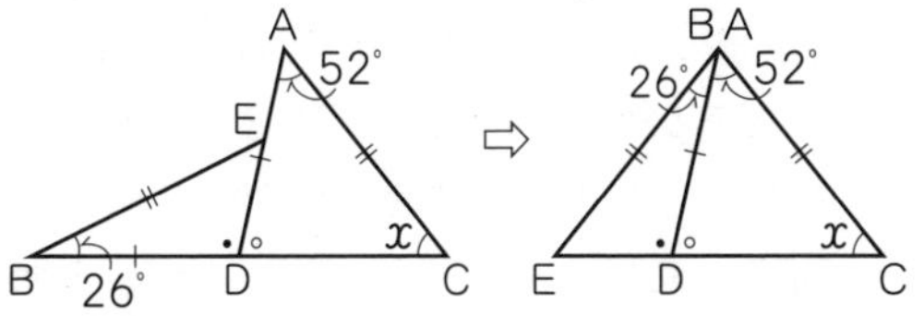

したがって，
x=(180°−52°−26°)÷2=51°

❹ (1)x=180°−(108°+45°)=27°
(2)右の図で，●=45°
だから，
○=108°−45°=63°
また，
△=16°+60°=76°
だから，
y=○+△=63°+76°
=139°

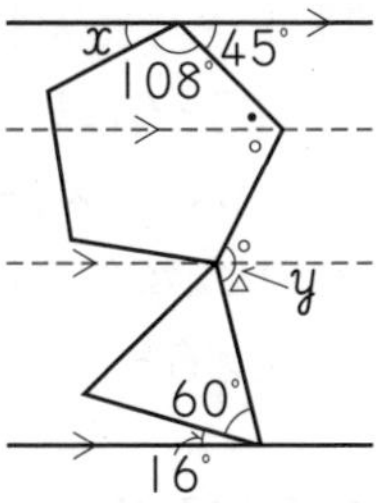

❺ (1)三角形 ABC で，
●×2+△×2=180°−42°=138° だから，
●+△=138°÷2=69°
したがって，
x=180°−(●+△)=180°−69°=111°
(2)○×2+△×2=180° だから，
角 DCE=○+△=90°
したがって，y+90°=x より，
y=111°−90°=21°

❻ (1)次の図で，
△=180°−(90°+22°)=68° だから，
x=180°−68°×2=44°

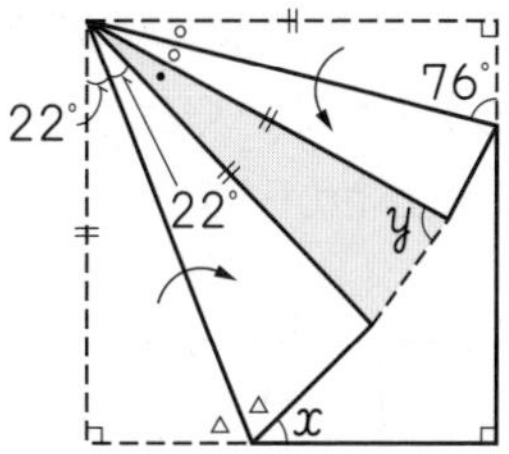

(2)○=180°−(90°+76°)=14° だから，
●=90°−22°×2−14°×2=18°
したがって，y=(180°−18°)÷2=81°

● 16日 32～33ページ

①7　②14　③6　④6　⑤20　⑥8　⑦16
⑧9.5

1 (1)59.5cm^2　(2)15cm^2

2 16cm^2

3 (1)35cm^2　(2)50cm^2

4 11cm

解き方

1 (1)10×8÷2+3×13÷2=59.5(cm^2)
(2)10×5÷2=25(cm^2)，2×2÷2=2(cm^2)，
4×4÷2=8(cm^2)，25−(2+8)=15(cm^2)

2 下の図のように，三角形を縦 7cm，横 6cm の長方形で囲んで，その面積からまわりの三角形ア，イ，ウの面積をひいて求めます。

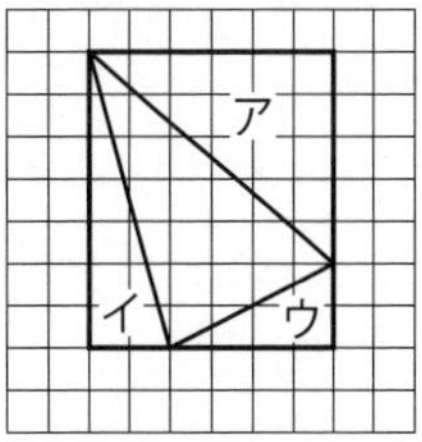

アの面積は，6×5÷2=15(cm^2)
イの面積は，2×7÷2=7(cm^2)
ウの面積は，4×2÷2=4(cm^2)
したがって，
7×6−(15+7+4)=16(cm^2)

3 (1)下の図のように 2 つの三角形に分けて，
4×10÷2+3×10÷2=35(cm^2)

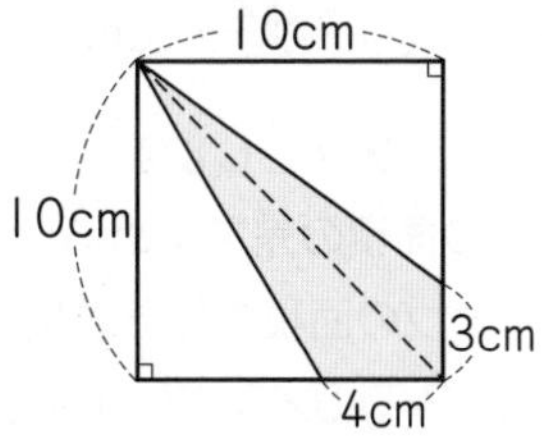

(2)下の図のように，色のついた部分を，面積を変えずに形を変えていくと，正方形の面積の半分であることがわかります。
よって，$10\times10\div2=50(cm^2)$

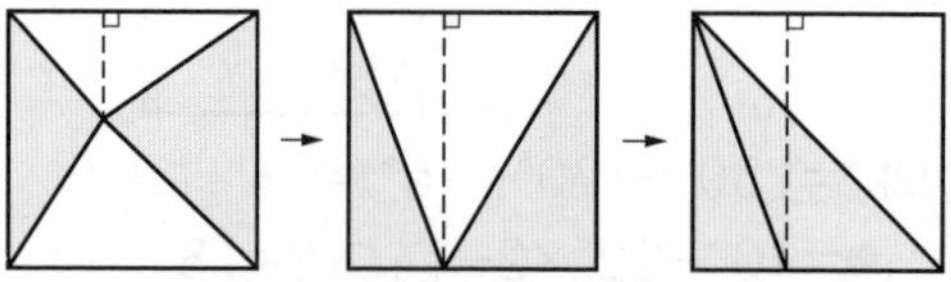

4 三角形 APD の面積は，$4\times18\div2=36(cm^2)$ だから，三角形 DPQ の面積が $76cm^2$ のとき，三角形 PBQ と三角形 DQC の面積の和は，$10\times18-(36+76)=68(cm^2)$ になります。すると，下の図の色のついた 2 つの長方形 PBQS と RQCD の面積の和は，$68\times2=136(cm^2)$ となり，長方形 APSR の面積は，$180-136=44(cm^2)$ です。
これより，$BQ=PS=44\div4=11(cm)$

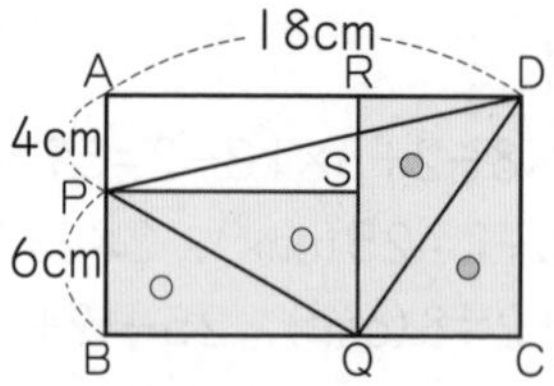

● 17 日 34 ～ 35 ページ

①GFCD　②40　③$\frac{20}{3}$　④$\frac{5}{3}$

1 $\frac{20}{3}$cm

2 $15cm^2$

3 (1)$238cm^2$　(2)$157cm^2$

4 $23cm^2$

解き方

1 三角形 EBF をウとすると，四角形アと三角形イの面積が等しいとき，ア+ウとイ+ウの面積も等しくなるので，三角形 ABD と三角形 EBC の面積は等しくなります。したがって，
$8\times10\div2=12\times BE\div2$ より，
$BE=8\times10\div12=\frac{20}{3}(cm)$

2 三角形 AGF をウとします。三角形アの面積と四角形イの面積の差を求めるかわりにア+ウの面積とイ+ウの面積の差を求めると，
$10\times12\div2-15\times6\div2=15(cm^2)$

3 (1)色のついた 4 つの長方形をくっつけると，縦 14cm，横 17cm の長方形になるので，面積は，$14\times17=238(cm^2)$
(2)長方形 ABCD の面積から，まわりの白い三角形の面積を 4 つひいて求めます。

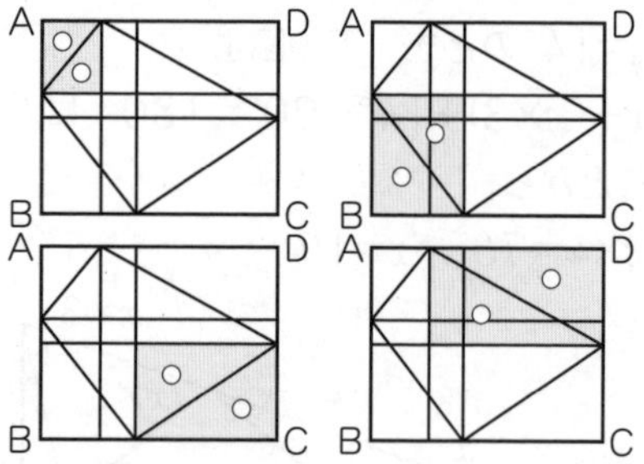

頂点 A，B，C，D のところにある三角形の面積をそれぞれ 2 倍して加える（上の 4 つの図を重ねる）と，まん中の縦 2cm，横 3cm の長方形の分だけ長方形 ABCD の面積より大きくなるので，$16\times20+2\times3=326(cm^2)$ になり，これより，まわりの白い三角形 4 つの面積の和は，$326\div2=163(cm^2)$ とわかります。
したがって，求める四角形の面積は，
$16\times20-163=157(cm^2)$

4 いちばん大きい正方形の 1 辺の長さは，$13-6=7(cm)$ だから，直角三角形 4 個の面積は，$7\times7-6\times6=13(cm^2)$ です。
したがって，中にできた正方形の面積は，
$6\times6-13=23(cm^2)$

● 18 日 36 ～ 37 ページ

①30　②3　③9　④12　⑤9.42　⑥18.42

1 (1)$10.26cm^2$　(2)$1.68cm^2$

2 (1)$50cm^2$　(2)$7.125cm^2$

3 (1)$18cm^2$　(2)$10.26cm^2$

4 (1)$27.84cm^2$　(2)$18.84cm^2$

解き方

1 (1)右の図のように，半径 12cm，中心角 45°のおうぎ形の面積から底辺と高さが 6cm である三角形の面積と半径 6cm，中心角 90°のおうぎ形の面積をひいて求めます。

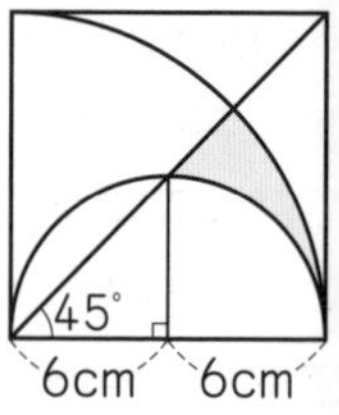

$12\times12\times3.14\div8-(6\times6\div2+6\times6\times3.14\div4)=56.52-(18+28.26)=10.26(\text{cm}^2)$

(2)右の図のように，半径12cm，中心角30°のおうぎ形の面積から底辺が12cm，高さが6cmの三角形の面積をひいて求めます。

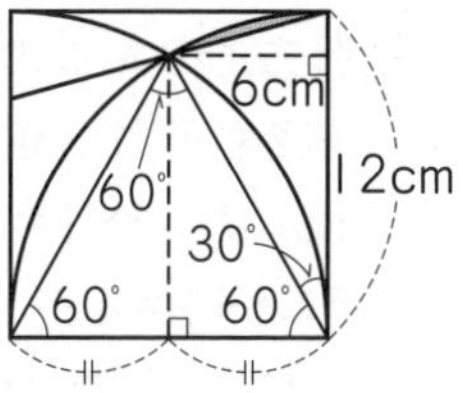

$12\times12\times3.14\div12-12\times6\div2$
$=37.68-36=1.68(\text{cm}^2)$

2 (1)小さい正方形は，対角線の長さが10cm（円の直径と同じ長さ）だから，面積は，
$10\times10\div2=50(\text{cm}^2)$

(2)円の面積から小さい正方形の面積をひいたものを4等分して，
$(5\times5\times3.14-50)\div4=7.125(\text{cm}^2)$

3 (1)正方形1個の対角線の長さが6cmだから，その面積は，$6\times6\div2=18(\text{cm}^2)$

(2)半径6cm，中心角90°のおうぎ形の面積から正方形1個分の面積をひけばよいので，

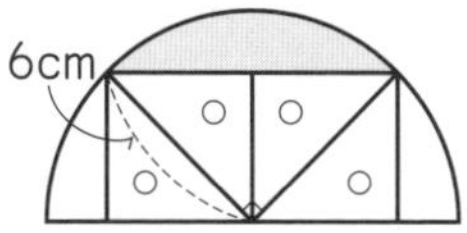

$6\times6\times3.14\div4-18=10.26(\text{cm}^2)$

4 (1)半径6cm，中心角150°のおうぎ形の面積から，アとイの面積をひいて求めます。

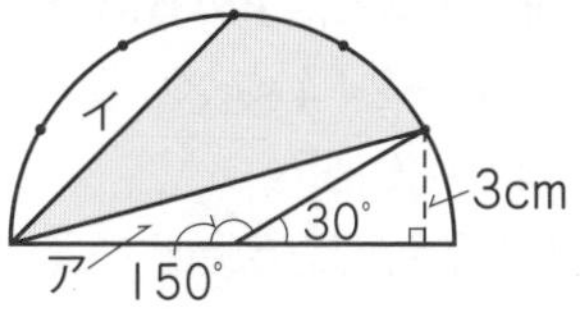

アの面積は，$6\times3\div2=9(\text{cm}^2)$，イの面積は，$6\times6\times3.14\div4-6\times6\div2=10.26(\text{cm}^2)$

だから，$6\times6\times3.14\times\dfrac{150}{360}-(9+10.26)$

$=27.84(\text{cm}^2)$

(2)下の図のように，色のついた部分を，面積を変えずに形を変えると，半径6cm，中心角60°のおうぎ形になります。よって，
$6\times6\times3.14\div6=18.84(\text{cm}^2)$

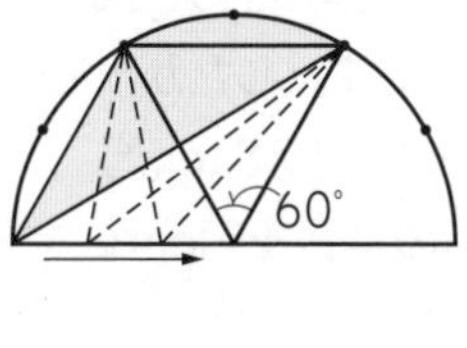

●19日 38～39ページ

①6.28　②4　③6.28　④4

1 50cm^2

2 (1)9.42cm^2　(2)14.34cm^2

3 (1)21.42cm　(2)4.71cm^2

4 (1)20cm^2　(2)15.7cm^2

解き方

1 下の図のように，半円の面積に底辺と高さが10cmの三角形の面積をたし，半径10cm，中心角90°のおうぎ形の面積をひいて求めます。

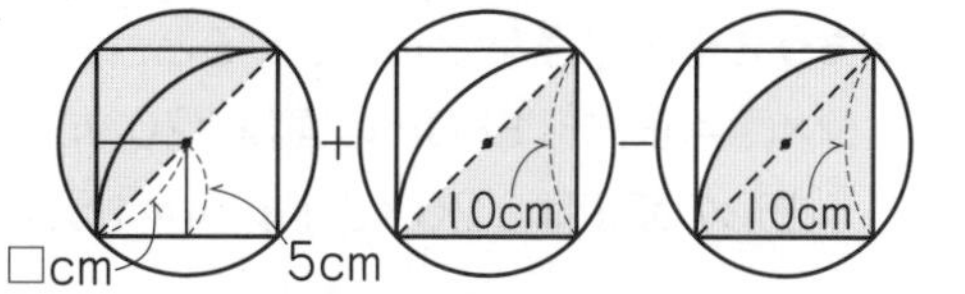

半円の半径を□cmとすると，これは1辺が5cmの正方形の対角線だから，
□×□÷2=5×5=25 より，□×□=50
よって，求める部分の面積は，
$50\times3.14\div2+10\times10\div2-10\times10\times3.14\div4=78.5+50-78.5=50(\text{cm}^2)$

2 (1)下の図のように，おうぎ形OPQの面積に三角形OPCの面積をたし，三角形OQDの面積をひいて求めます。

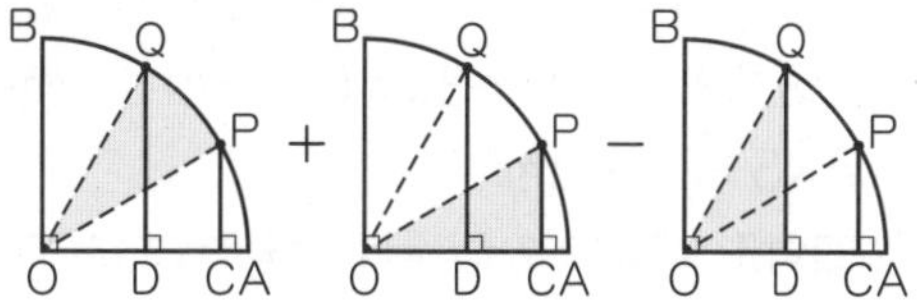

ここで，三角形OPCと三角形OQDはどちらも直角をはさむ2辺の長さが3cmと6cmだから，同じ面積（合同）です。したがって，求める部分の面積はおうぎ形OPQの面積と等しいので，$6\times6\times3.14\div12=9.42(\text{cm}^2)$

(2)おうぎ形OAQの面積に三角形OQCの面積をたし，三角形OACの面積をひいて求めます。三角形OQCはOC（=3cm）を底辺とすると，高さは3cmです。したがって，
$6\times6\times3.14\div6+3\times3\div2-6\times3\div2$
$=14.34(\text{cm}^2)$

3 (1)色のついた部分のまわりの長さは，半円の円周と正三角形の2辺の長さをたした長さと等しいので，
$6\times3.14\div2+6\times2=21.42(\text{cm})$

(2)色のついた3つの図形を合わせると，下の図のように，半径3cm，中心角60°のおうぎ形になります。

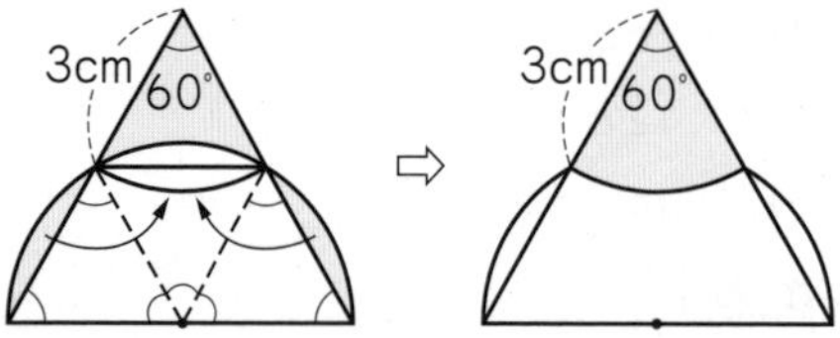

したがって，面積は，
$3\times3\times3.14\div6=4.71(cm^2)$

4 (1)$6\times6-(2\times4\div2)\times4=20(cm^2)$

(2)おうぎ形の半径を□cmとすると，
□×□＝正方形EFGHの面積＝20 だから，おうぎ形の面積は，$20\times3.14\div4=15.7(cm^2)$

● 20日 40～41ページ

❶ (1)$9cm^2$ (2)$9cm^2$

❷ (1)$16cm^2$ (2)6.28cm

❸ $19cm^2$

❹ (1)$27.36cm^2$ (2)$10.28cm^2$

❺ (1)$128cm^2$ (2)$27.52cm^2$

❻ (1)$37.68cm^2$ (2)$20.52cm^2$

解き方

❶ (1)角BOA＝90°÷3＝30° だから，OAを底辺とすると高さは3cmになるので，面積は，
$6\times3\div2=9(cm^2)$

(2)四角形ABCDの面積は三角形BOAの面積と三角形COBの面積と三角形DOCの面積をたし，三角形DOAの面積をひけばよいので，
$9+9+9-6\times6\div2=9(cm^2)$

❷ (1)角CABが45°のとき，アの部分を移しかえると，ア＋イは直角二等辺三角形になり，面積は$8\times4\div2=16(cm^2)$

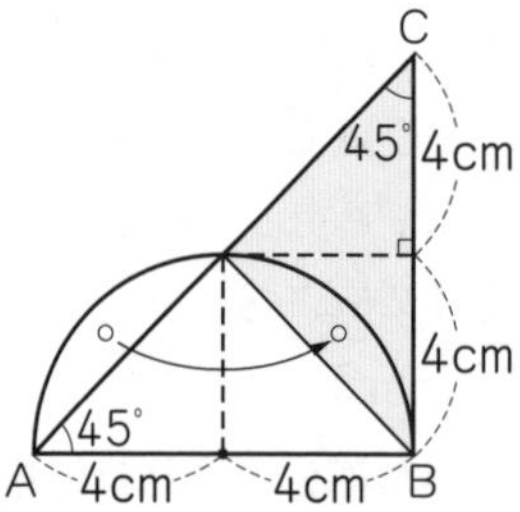

(2)アとイの面積が等しいとき，白い部分をウとすれば，ア＋ウとイ＋ウの面積も等しくなるので，半円と三角形ABCの面積が等しいことになります。これより，$4\times4\times3.14\div2=8\times BC\div2$ がなりたつので，BC＝6.28(cm)

❸ 長方形の4つのかどにある直角三角形の面積をそれぞれ2倍した面積の和は，長方形の面積より，$2\times1=2(cm^2)$ だけ大きいので，$5\times8+2=42(cm^2)$ です。（35ページの**3**(2)を参照）したがって，4つのかどにある直角三角形の面積の和は，$42\div2=21(cm^2)$ とわかるので，四角形ABCDの面積は，
$40-21=19(cm^2)$

❹ (1)下の図で，アの面積は，
$8\times8\times3.14\div4-8\times8\div2=18.24(cm^2)$，
イの面積は，
$(4\times4\times3.14\div4-4\times4\div2)\times2=9.12(cm^2)$
だから，$18.24+9.12=27.36(cm^2)$

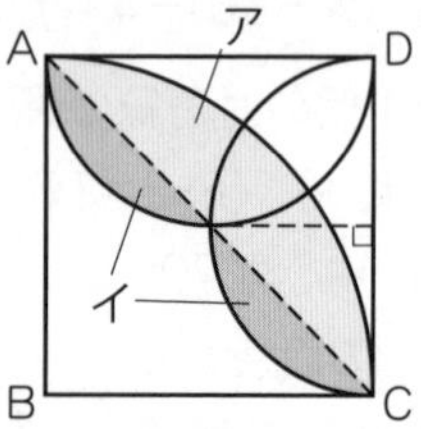

チェックポイント 円周率を3.14とするとき，右の図のような葉っぱ形の面積は正方形の面積の0.57倍になります。

これを利用すると，求める部分の面積は，
$8\times8\times0.57\div2+4\times4\times0.57$
$=(32+16)\times0.57$
$=48\times0.57=27.36(cm^2)$
のように求めることもできます。

(2)右の図で，おうぎ形アの面積は，
$4\times4\times3.14\div8$
$=6.28(cm^2)$
直角三角形イの面積は，
$4\times2\div2=4(cm^2)$ だから，
求める面積は，$6.28+4=10.28(cm^2)$

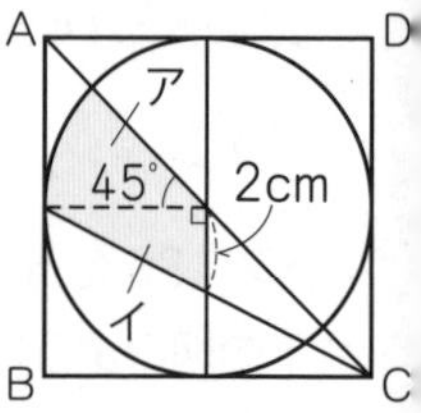

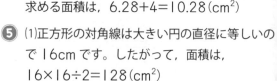

❺ (1)正方形の対角線は大きい円の直径に等しいので16cmです。したがって，面積は，
$16\times16\div2=128(cm^2)$

(2)小さい円の半径を□cmとすると，□×□は正

方形の面積の 4 分の 1 になるから 32 です。
これより，円の面積は，
32×3.14=100.48(cm²) とわかるので，
色のついた部分の面積は，
128−100.48=27.52(cm²)

6 (1)右の図のように，ア+イの面積は半径 6cm，中心角 120°のおうぎ形と同じ面積になります。したがって，
6×6×3.14÷3
=37.68(cm²)

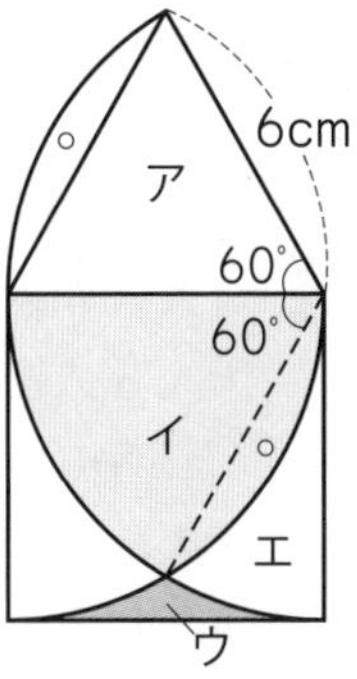

(2)右の図のようにエをとると，イとウの面積の差はイ+エとウ+エの面積の差と等しくなります。イ+エの面積は，
6×6×3.14÷4=28.26(cm²)
ウ+エの面積は，
6×6−28.26=7.74(cm²) だから，
その差は，28.26−7.74=20.52(cm²)

●21日 42～43ページ

①2 ②48 ③72

1 兄…12500円，弟…7500円
2 37ページ
3 昼…13時間40分，夜…10時間20分
4 96cm²
5 2.25cm

解き方

1 問題の図より，
弟の貯金は，(20000−5000)÷2=7500(円)
兄の貯金は，7500+5000=12500(円)

2 1日目に読んだページ数は，
(80−6)÷2=37(ページ)
2日目に読んだページ数は，
37+6=43(ページ)

チェックポイント 問題では2日目のページ数は問われていませんが，1日目，2日目の両方を求めることによって答えが合っているかどうかを確かめることができるので，2つとも求めるようにしましょう。

3 昼の時間と夜の時間の和は24時間だから，夜の時間は，
(24時間00分−3時間20分)÷2
=20時間40分÷2=10時間20分
昼の時間は，
10時間20分+3時間20分=13時間40分

4 縦と横の長さの和は，40÷2=20(cm) です。
縦の長さは，(20−4)÷2=8(cm)
横の長さは，8+4=12(cm) だから，
面積は，8×12=96(cm²)

チェックポイント 縦と横の長さの和は，40cm ではないことに注意しましょう。

5 長方形ABCDの面積は，8×17=136(cm²) です。これを，台形の面積が三角形の面積より 18cm² 大きくなるように分けると，
三角形の面積は，(136−18)÷2=59(cm²)
台形の面積は，59+18=77(cm²)
今，三角形DECの面積に着目すると，
EC×8÷2=59 より，
EC=59×2÷8=14.75(cm) とわかるので，
BE=17−14.75=2.25(cm)
(台形ABEDの面積に着目してもできます)

●22日 44～45ページ

①17 ②48 ③3 ④16 ⑤26 ⑥33

1 姉…1600円，私…1300円，弟…900円
2 162
3 3400円
4 82点
5 32m

解き方

1 3800−(400+700)=2700(円) …… 弟がもらえる金額の3倍
弟がもらえる金額は，2700÷3=900(円)
私がもらえる金額は，900+400=1300(円)
姉がもらえる金額は，1300+300=1600(円)

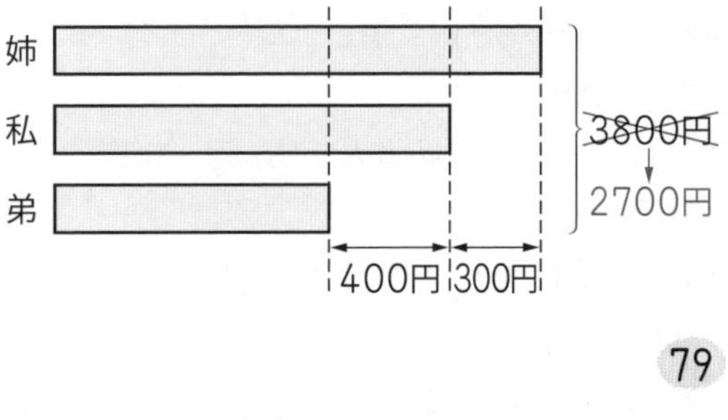

2 図に表すと，下のようになります。
小の数は，243÷(1+2+6)=27
中の数は，27×2=54
大の数は，54×3=162

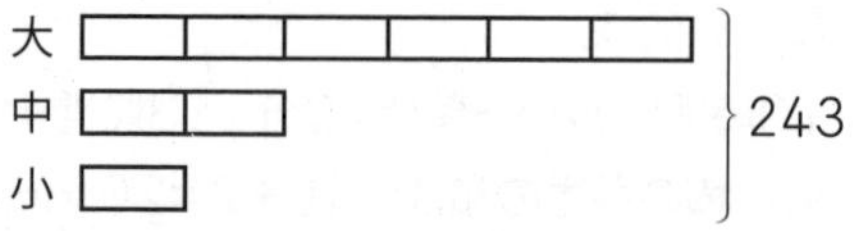

3 図に表すと，下のようになります。
C がもらえる金額は，
(10700−500)÷6=1700(円)
A がもらえる金額は，1700×2=3400(円)
B がもらえる金額は，
1700×3+500=5600(円)

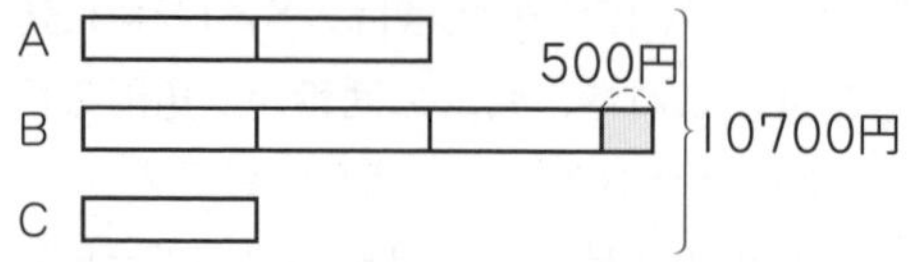

4 3 科目の合計点は，81×3=243(点) です。
図に表すと，下のようになります。

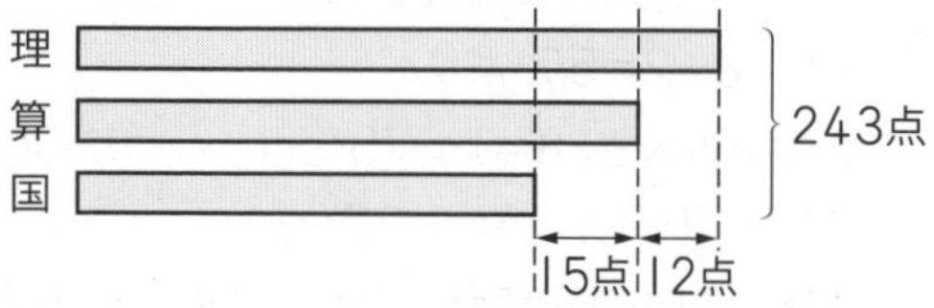

国語の点数は，(243−15−27)÷3=67(点)
算数の点数は，67+15=82(点)
理科の点数は，82+12=94(点)

5 図に表すと，下のようになります。

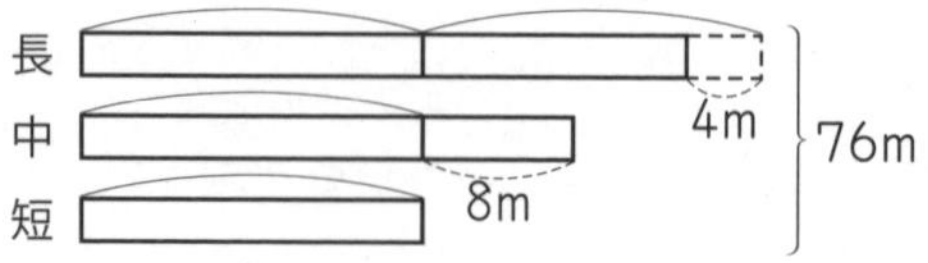

いちばん短い辺の長さは，
(76−8+4)÷4=18(m)
2 番目に長い辺の長さは，18+8=26(m)
いちばん長い辺の長さは，18×2−4=32(m)

●23日 46～47ページ

①680 ②920 ③240 ④100

1 えん筆…30 円，消しゴム…50 円
2 700 円
3 (1)240 円 (2)みかん…90 円，なし…150 円
4 3500 円
5 A…31，B…47，C…53

解き方

1 (え)+(消)=80 円より，(え)×2+(消)×2=160 円
これと，(え)×5+(消)×2=250 円 とを比べると
(え)×3=250 円−160 円=90 円
よって，えん筆 1 本のねだんは，
90÷3=30(円)
このとき，消しゴム 1 個のねだんは，
80−30=50(円)

2 「大人 4 人と子ども 5 人で 4550 円」より，
大人 8 人と子ども 10 人で，
4550×2=9100(円) です。これと，「大人 8 人と子ども 6 人で 7700 円」とを比べると
子ども 4 人の入園料が，
9100−7700=1400(円) であることがわかります。これより，子ども 1 人の入園料は，
1400÷4=350(円) で，
このとき，大人 1 人の入園料は，
(4550−350×5)÷4=700(円)

チェックポイント 大人 1 人の入園料だけを答えればよいのですが，和差算や分配算のときと同じように，子ども 1 人の入園料も同時に求めておくと，答えの確かめができ，計算まちがいを防ぐことができます。

3 (1)(み)×3+(な)×4=870 円 と
(み)×2+(な)×3=630 円 との差を考えると，
(み)+(な)=870 円−630 円=240 円
(2)(み)+(な)=240 円 より，
(み)×3+(な)×3=720 円 だから，
これと，(み)×2+(な)×3=630 円 を比べると，
みかん 1 個のねだんは，720−630=90(円)
(み)×3+(な)×4=870 円 と比べると，
なし 1 個のねだんは，870−720=150(円)

4 「バット 1 本とボール 2 個で 4400 円」より，
バット 6 本とボール 12 個 (=1 ダース) で 26400 円です。これと「バット 2 本とボール 1 ダースで 12400 円」を比べると，バット 4 本のねだんが，
26400−12400=14000(円) とわかるので，バット 1 本のねだんは，
14000÷4=3500(円)
このとき，ボール 1 個のねだんは，

$(4400-3500)\div 2=450$(円)

5 右のように計算すると，A，B，C 2 つずつの和が 262 であることがわかります。

$$\begin{array}{r} A+B=78 \\ B+C=100 \\ +\quad C+A=84 \\ \hline A\times 2+B\times 2+C\times 2=262 \end{array}$$

これより，
$A+B+C=262\div 2=131$ です。
これと，$B+C=100$ とを比べて，$A=31$
$C+A=84$ とを比べて，$B=47$
$A+B=78$ とを比べて，$C=53$

●24 日 48 ～ 49 ページ

①200　②40　③5　④9

1 (1)5120 円　(2)9 個
2 9 個
3 (1)3100 点　(2)32 人
4 12 分間
5 125 本

解き方

1 (1)$320\times 16=5120$(円)
(2)5120 円と実際の代金 5660 円との差は 540 円で，1 個あたりのケーキのねだんの差は 60 円だから，1 個 380 円のケーキの個数は，$540\div 60=9$(個)

2 りんごとかきだけの代金は，$2000-260=1740$(円) です。もし，かきばかりを 12 個買ったとすると，代金は，$130\times 12=1560$(円) になり，実際の代金との差は 180 円です。りんごとかきの 1 個あたりのねだんの差は 20 円だから，りんごの個数は，$180\div 20=9$(個)

3 (1)$62\times 50=3100$(点)
(2)50 人の点数の合計は，実際には $78\times 50=3900$(点) で，全員の平均点が 62 点だと仮定したときとの差は 800 点です。1 人あたりの差は，$87-62=25$(点) だから，78 点以上の人数は，$800\div 25=32$(人)

4 もし，20 分間ずっと毎分 50m の速さで歩いたとしたら，$50\times 20=1000$(m) しか進まないので，実際の道のりとの差が 300m あります。毎分 75m で歩くと，毎分 50m で歩くより 1 分あたり 25m 多く進むので，毎分 75m で歩いた時間は，$300\div 25=12$(分間)

5 2 日目は 1 本あたり $80\times(1-0.2)=64$(円) で売ったことになるので，もし，200 本全部が 2 日目に売れたとすると，売り上げは，$64\times 200=12800$(円) となり，実際の売り上げとの差は 2000 円になります。
これより，1 日目に売れた本数は，
$2000\div(80-64)=125$(本)

●25 日 50 ～ 51 ページ

❶ (1)98　(2)大…67，小…31
❷ 1300 円
❸ (1)10 冊　(2)90 円
❹ 120 円
❺ 512cm^3
❻ (1)128g　(2)33g
❼ 4800m
❽ ア…20 人，イ…6 人，ウ…5 人

解き方

❶ (1)$36+62=98$
(2)大，小 2 つの数の和が 98，差が 36 だから，
小の数は，$(98-36)\div 2=31$
大の数は，$31+36=67$

❷ 図に表すと，下のようになります。

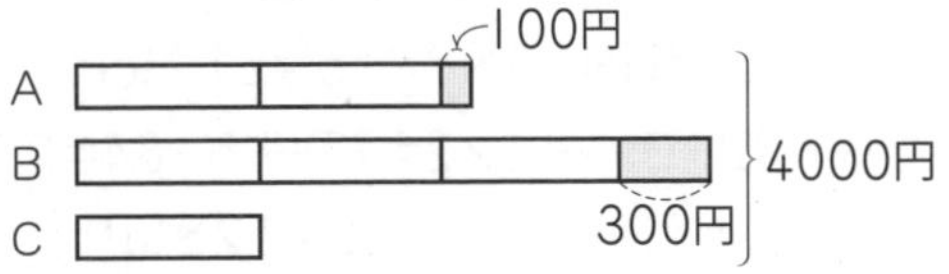

C がもらえる金額は，
$(4000-100-300)\div 6=600$(円)
A がもらえる金額は，
$600\times 2+100=1300$(円)
B がもらえる金額は，
$600\times 3+300=2100$(円)

❸ (1)「えん筆 7 本の代金＝ノート 3 冊の代金」だから，「ノート 4 冊とえん筆 14 本で 2100 円」のえん筆 14 本をノート 6 冊に変えても代金は変わりません。したがって，「ノート 4 冊とノート 6 冊で 2100 円」つまり，「ノート 10 冊で 2100 円」といえます。
(2)ノート 1 冊のねだんは，
$2100\div 10=210$(円) だから，

えん筆７本の代金＝ノート３冊の代金
＝630円
これより，えん筆１本のねだんは，
630÷7＝90(円)

❹ 「ノート７冊とえん筆２本で1000円」だから，ノート28冊とえん筆８本で4000円です。これと「ノート３冊とえん筆８本で1000円」を比べると，ノート25冊のねだんが3000円とわかるので，ノート１冊のねだんは，
3000÷25＝120(円)

チェックポイント **えん筆１本のねだんは，(1000−120×3)÷8 を計算しても，(1000−120×7)÷2 を計算しても80円になります。**

❺ 直方体には，縦，横，高さにあたる辺がそれぞれ４本ずつあるので，縦，横，高さの長さの和は，112÷4＝28(cm) です。

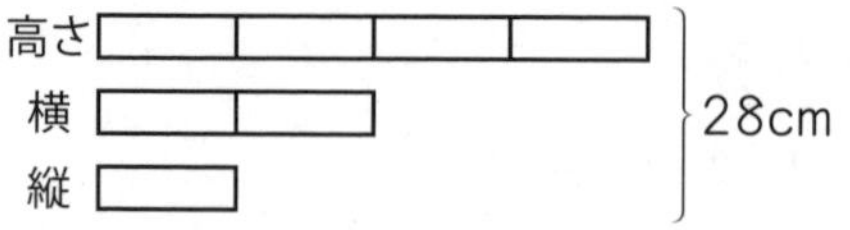

上の図より，縦の長さは，
28÷(1+2+4)＝4(cm)，
横の長さは，4×2＝8(cm)，
高さの長さは，8×2＝16(cm)
よって，体積は 4×8×16＝512(cm^3)

❻ (1)A×2+B×2+C×2＝77+95+84＝256(g)
より，A+B+C＝256÷2＝128(g)
(2)A+B+C＝128(g) と，B+C＝95(g) とを比べると，A＝128−95＝33(g)

❼ もし，20分間ずっと毎分80mの速さで歩いたとしたら，80×20＝1600(m) しか進まないので，実際の道のりとの差が3840mあります。毎分400mで走ると，毎分80mで歩くより１分あたり320m多く進むので，毎分400mで走った時間は，
3840÷320＝12(分間) です。したがって，その道のりは，400×12＝4800(m)

❽ ３番が解けなかった人の人数は，
40−32＝8(人) いますが，これらの人の得点は，０点，３点，６点のいずれかです。０点の人数が０人，３点の人数が２人だから，６点の人数は，8−0−2＝6(人) ……イ
すると，７点の人数と４点の人数は合わせて，
40−(7+6+2+0)＝25(人) いることになり，その25人の得点の合計は，
6.8×40−(10×7+6×6+3×2+0×0)
＝160(点) とわかります。したがって，７点の人数は，
(160−4×25)÷(7−4)＝20(人) ……ア
４点の人数は，25−20＝5(人) ……ウ

●26日 52～53ページ

①48　②2　③24　④28　⑤100　⑥20

1 子ども…13人，キャラメル…67個
2 28000円
3 (1)238ページ　(2)17ページ
4 105個
5 部屋…38部屋，生徒…209人

解き方

1 子ども１人につき配るキャラメルの個数の差は，5−3＝2(個)
全体の個数の差は，28−2＝26(個) だから，
子どもの数は，26÷2＝13(人)
このとき，キャラメルの個数は，
13×3+28＝67(個)
または，13×5+2＝67(個)

2 生徒１人から集める金額の差は，
880−850＝30(円) で，全体の金額の差は，
800+160＝960(円) だから，生徒の人数は，
960÷30＝32(人) です。このとき，遠足の費用は，850×32+800＝28000(円)
または，880×32−160＝28000(円)

チェックポイント **遠足の費用を，850×32−800＝26400(円) や，880×32+160＝28320(円) のようにまちがえないように気をつけましょう。「あまった」とあっても，いつもたし算になるとは限りません。また，「たりない」とあっても，いつもひき算になるとは限りません。**

3 (1)１日あたりのページ数の差が，
15−12＝3(ページ)，全体のページ数の差が，
70−28＝42(ページ) だから，予定の日数は，

42÷3=14(日) です。このとき，
本のページ数は，14×12+70=238(ページ)
または，14×15+28=238(ページ)

(2)238 ページを 14 日でちょうど読み終えるには，1 日に，238÷14=17(ページ)

4 「1 箱に 15 個ずつつめると箱がちょうど 1 箱あまります」というのは「1 箱に 15 個ずつつめるとたまごが 15 個不足する」ということなので，全体の個数の差は，9+15=24(個) です。したがって，箱の数は，
24÷(15−12)=8(箱) です。
このとき，たまごの個数は，
8×12+9=105(個)
または，8×15−15=105(個)

5 「1 部屋 6 人ずつにすると，5 人になる部屋が 1 部屋できて 3 部屋あまります」というのは「全部の部屋を 6 人にするためには，
1+6×3=19(人) 不足します」ということだから，部屋の数は，
(19+19)÷(6−5)=38(部屋) で，
生徒の人数は，38×5+19=209(人)
または，38×6−19=209(人)

⑤⑤⑤ …… ⑤⑤⑤⑤⑤⑤19人あまる
⑥⑥⑥ …… ⑥⑥⑤⓪⓪⓪19人不足

●27日 54～55 ページ

①20　②2　③10

1 6 回目

2 (1)78 点以上　(2)42.6kg　(3)82

3 87 点

4 88.5 点

解き方

1 今回のテストで今までの平均点より，
95−83=12(点) 高い点数をとったために，全体として平均点が，85−83=2(点) 上がったので，テストの回数は今回もふくめて，
12÷2=6(回)　今回のテストは 6 回目

チェックポイント 問題によっては，「今までに何回テストがありましたか」と問われる場合があります。その場合は，6−1=5(回) が答えとなります。

2 (1)4 回のテストの平均点が 68 点だから，4 回のテストの合計点は，68×4=272(点) です。次のテスト（5 回目）で平均点を 70 点以上にするためには，5 回のテストの合計点が，
70×5=350(点) 以上にならなければなりません。したがって，次のテストでとる必要のある点数は，350−272=78(点) 以上。

(2)クラス全員の体重の合計は，
41.7×(24+16)=1668(kg) で，男子の体重の合計は，41.1×24=986.4(kg) だから，
女子 16 人の体重の合計は，
1668−986.4=681.6(kg) とわかります。
したがって，女子の体重の平均は，
681.6÷16=42.6(kg)

別解 男子と女子の人数の比は 24:16=3:2 だから，平均を考える場合，「男子を 3 人，女子を 2 人」として計算しても答えは同じです。
41.7×5=208.5(kg)，
41.1×3=123.3(kg)，
208.5−123.3=85.2(kg)，
85.2÷2=42.6(kg)
のように計算すると早くできます。

(3)A+B+C+D=77×4=308
C+D=84×2=168，A+B+C=74×3=222
より，A+B+C+C+D=168+222=390
したがって，C=390−308=82

3 1 回目から 3 回目までの点数の和は，
65×3=195(点)，1 回目から 5 回目までの点数の和は，72×5=360(点) だから，4 回目と 5 回目の点数の和は，
360−195=165(点) です。また，4 回目と 5 回目の点数の差は 9 点だから，点数の高い 5 回目の点数は，
(165+9)÷2=87(点)

4 2 つの組全体の 80 人の点数の合計は，
86.4×80=6912(点) です。かりに，B 組 42 人の点数が 4 点ずつ上がったとすると，
42×4=168(点) 増えて，80 人の合計点が，
6912+168=7080(点) になり，全員の平均点が A 組の平均点にそろいます。したがって，A 組の平均点は，7080÷80=88.5(点)

●28日 56～57ページ

①10　②31　③30　④74　⑤10　⑥4
⑦月

1 (1)135日後　(2)土曜日

2 (1)火曜日　(2)木曜日

3 (1)月曜日　(2)8月9日

4 (1)7月2日　(2)日曜日

5 金曜日

解き方

1 (1)4月があと14日（30−16=14），5月が31日，6月が30日，7月が31日，8月が29日までだから，
14+31+30+31+29=135(日後)

(2)135÷7=19 あまり2より，135日後の曜日は2日後の曜日と同じです。木曜日の2日後は土曜日になります。

> **チェックポイント** 問題によっては，「今日から何日目ですか」と問われる場合があります。その場合は，(1)最初の日（4月16日）を1日目と数えるので，答えは135+1=136(日目)となります。(2)136÷7=19 あまり3より，136日目の曜日は3日目の曜日と同じです。木曜日から3日目は「木・金・土」と数えて土曜日です。

2 (1)8月7日は6月3日の何日後になるかを計算します。6月があと27日（30−3=27），7月が31日，8月が7日まであるので，27+31+7=65(日後) です。65÷7=9 あまり2だから，2日後の曜日と同じで火曜日です。

(2)3月1日は6月3日の何日前になるかを計算します。それは，6月3日が3月1日の何日後になるかを計算するのと同じことだから，3月があと30日（31−1=30），4月が30日，5月が31日，6月が3日で，
30+30+31+3=94(日前) です。
94÷7=13 あまり3より，3日前の曜日と同じで木曜日です。

3 (1)100÷7=14 あまり2より，2日後の曜日を求めて月曜日になります。

(2)もし，5月がずっと続くとしたら，100日後は5月101日ですが，5月は31日までしかないので，「5月101日=6月70日」となり同様に，「5月101日=6月70日=7月40日=8月9日」となります。

4 (1)うるう年ではないので1年は365日です。365のまん中の数は183だから，元日から182日後になります。
1月は残り30日あり，182日になるまでそれぞれの月の日数をたしていくと，
182=30+28+31+30+31+30+2 より，
7月2日

(2)182÷7=26 あまり0（わり切れる）だから，ちょうどまん中の日は1月1日と同じ曜日で日曜日です。

> **チェックポイント** うるう年ではない平年では，正月，1年のまん中の日，大みそかの曜日は一致（いっち）することがわかります。

5 365÷7=52 あまり1だから，平年ではくり返しの最初にくる曜日だけが1回多いことになり，それは正月（=1年のまん中の日，大みそか）の曜日です。また，うるう年では，366÷7=52 あまり2より，くり返しのはじめの2つの曜日が1回ずつ多いことになり，それは1月1日，2日の曜日です。ここでは，日曜日だけが1回多いということから，1月1日が日曜日であることがわかります。すると，9月1日は，
30+28+31+30+31+30+31+31+1
=243より，1月1日の243日後になります。
243÷7=34 あまり5より，金曜日とわかります。

●29日 58～59ページ

①29　②58　③17　④2　⑤1　⑥20

1 10年後

2 6年前

3 17才

4 (1)1600円　(2)1600円

5 (1)17年後　(2)19年後

解き方

1 下の図より，父の年令が子の年令の 3 倍になったとき，子の年令は，(32−4)÷2=14(才)であることがわかります。今の子の年令は 4 才だから，これは 14−4=10(年後)

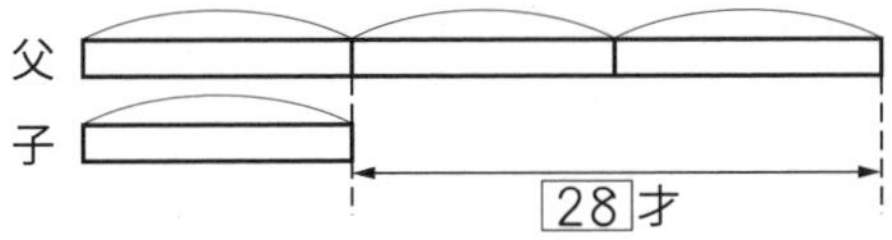

2 父の年令が子の年令の 4 倍だったときの，子の年令を求めます。父と子の年令の差はずっと，42−15=27(才) だから，27÷(4−1)=9 より，子の年令は 9 才です。今の子の年令は 15 才だから，6 年前とわかります。

3 今から 6 年前，母も子も今より 6 才ずつ年令が下なので，母と子の年令の和は今より，
6×2=12(才) 小さく，44 才だったはずです。しかも，母の年令が子の年令の 3 倍だったので，下の図より，子の年令は，
44÷(3+1)=11(才) だったことがわかります。したがって，現在の子の年令は，
11+6=17(才)

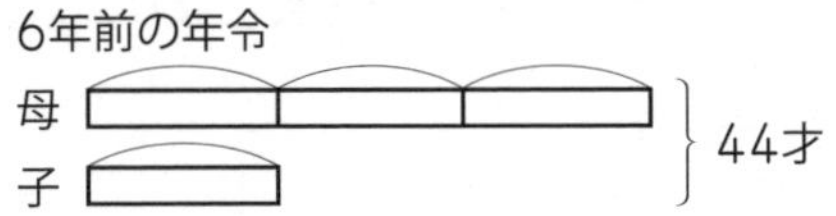

4 (1)同じねだんのシューズを買ったので，2 人の所持金の差は変わりません。
したがって，3600−2000=1600(円)
(2)残金の差が 1600 円で，兄の残金が弟の残金の 5 倍だから，弟の残金は，
1600÷(5−1)=400(円) です。弟ははじめ 2000 円持っていたので，シューズのねだんは，2000−400=1600(円)

チェックポイント 差が一定の倍数算です。年令算と同じように考えて解きます。

5 (1)今，2 人の子どもの年令の和は，
10+8=18(才)，母の年令は 35 才で，17 才の差があります。1 年ごとにこの差は 1 才ずつ減っていくので，17 年後に等しくなります。
(2)今，父と母の年令の和は，39+35=74(才)，兄と弟の年令の和は，10+8=18(才) で，差は，74−18=56(才) です。この差はいつまでたっても変わりません。したがって，父と母の年令の和が兄と弟の年令の和の 2 倍になったとき，兄と弟の年令の和は，
56÷(2−1)=56(才) になっています。2 人の年令の和は 1 年ごとに 2 才ずつ増えていくので，(56−18)÷2=19(年後)

● 30 日 60 〜 61 ページ

❶ 6 回目
❷ 500cm
❸ 4 年前
❹ (1)5 月 6 日　(2)火曜日
❺ 55 個
❻ 38 人
❼ 13 才
❽ 月曜日
❾ 141 人

解き方

❶ 今回のテストで今までの平均点より，
96−78=18(点) 高い点数をとったために，全体として平均点が，81−78=3(点) 上がったので，テストの回数は今回もふくめて，
18÷3=6(回) したがって，6 回目。

❷ 1 人あたりのリボンの長さの差が，
30−25=5(cm) で，全体の長さの差が，
50+40=90(cm) だから，子どもの人数は，
90÷5=18(人) です。したがって，リボンの長さは，18×25+50=500(cm)
または，18×30−40=500(cm)

❸ 母と子の年令の差は，39−11=28(才)
母の年令が子の年令の 5 倍だったときの子の年令は，28÷(5−1)=7(才)
したがって，11−7=4(年前)

❹ (1)4 月 1 日から 7 日後ごとの日付をたどっていくと，4 月 1 日→4 月 8 日→4 月 15 日→4 月 22 日→4 月 29 日→4 月 36 日 (=5 月 6 日) となります。
(2)10 月 15 日は，5 月 6 日の，
25+30+31+31+30+15=162(日後)
なので，162÷7=23 あまり 1 より，火曜日とわかります。

5 残ったチョコレートとキャンディの個数の差ははじめの差と変わらないので，
75−60=15(個) です。残ったチョコレートの個数が残ったキャンディの個数の4倍になったのだから，残ったキャンディの個数は，
15÷(4−1)=5(個) とわかります。
したがって，それぞれ食べた個数は，
60−5=55(個)

6 もし，8人の点数がそれぞれ，
76−68.4=7.6(点) ずつ低かったとすると，クラス全員の平均点は68.4点になり，実際の平均点より1.6点低くなります。
8人の点数の和は合わせて
7.6×8=60.8(点) 低くなるから，60.8点をクラス全員に平均すると1人あたり1.6点になると考えると，クラスの人数は，
60.8÷1.6=38(人)

7 5年後の2人の年令の和は，
20+5×2=30(才) です。30才は比の5にあたるので，比の1は，30÷5=6(才) を表すことになり，5年後の兄の年令は，
6×3=18(才)（5年後の弟の年令は，
6×2=12(才)）であることがわかります。したがって，現在の兄の年令は，
18−5=13(才)

8 4年後の1月1日までに，
365×3+366=1461(日) あることがわかります。1461÷7=208 あまり5より，5日後の曜日と同じなので月曜日とわかります。

9 「1部屋8人ずつにすると，5人の部屋が1部屋できて，5部屋あまります」を言いかえると，「全部の部屋を8人ずつにするには，
3+8×5=43(人) 不足します」ということです。

⑥⑥⑥ …… ⑥⑥⑥⑥⑥⑥⑥⑥ 3人あまる
⑧⑧⑧ …… ⑧⑧⑤⓪⓪⓪⓪⓪ 43人不足

部屋の数は，(43+3)÷(8−6)=23(部屋) で，
生徒の人数は，6×23+3=141(人)
または，8×23−43=141(人)

●進級テスト 62～64ページ

1 (1)$\frac{12}{5}$ (2)111 (3)9年後 (4)23
(5)3240

2 (1)74° (2)53°

3 (1)9cm^2 (2)27.84cm^2

4 (1)35円 (2)6個

5 (1)5950円 (2)15番目

6 33cm^2

7 68人

解き方

1 (1)求める分数を $\frac{\square}{\bigcirc}$ とすると，$\frac{\square}{\bigcirc}\times\frac{35}{4}$ が整数になることから，○は35の約数，□は4の倍数です。また，$\frac{\square}{\bigcirc}\times\frac{25}{6}$ が整数になることから，○は25の約数，□は6の倍数です。
$\frac{\square}{\bigcirc}$ をできるだけ小さい分数にするためには，○はできるだけ大きく，□はできるだけ小さくすればよいので，○は35と25の最大公約数，□は4と6の最小公倍数となり，求める分数は $\frac{12}{5}$ です。

(2)A+B+C=156×3=468，
A+B+C+D+E=138×5=690 だから，
D+E=690−468=222
DとEの平均は，222÷2=111

(3)3人の子の年令の和は 13+11+8=32(才) だから，父の年令との差は 50−32=18(才) です。1年ごとに，この差が 3−1=2(才) ずつ減っていくので，同じになるのは
18÷2=9(年後)

(4)5でわると3あまる数は，3，8，13，18，23，28，……で，7でわると2あまる整数は，2，9，16，23，30，……だから，最小の整数は，23です。

(5)3，7，11，15，19，……は，はじめが3で，4ずつ増えていく数の列だから，
40番目の数は 3+4×(40−1)=159
したがって，40番目までの和は，
(3+159)×40÷2=3240

2 (1)下の図で，色のついた三角形は二等辺三角形だから，●$=180^\circ-61^\circ\times2=58^\circ$

これより，○$=(90^\circ-58^\circ)\div2=16^\circ$

$x=180^\circ-(90^\circ+16^\circ)=74^\circ$

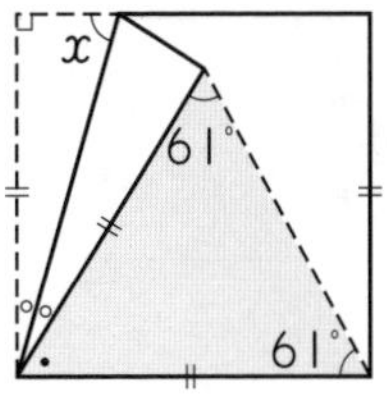

(2)●$\times2+$○$\times2=180^\circ-74^\circ=106^\circ$ だから，

$x=$●$+$○$=106^\circ\div2=53^\circ$

3 (1) OA=OC だから，角 OCA=15°

C から AB に垂直な直線 CE をひくと，

角 COE= 角 OAC+ 角 OCA=30° だから，CE の長さは OC の長さの半分になり，CE=3cm

よって，三角形 AOC の面積は，

$6\times3\div2=9\,(\mathrm{cm}^2)$

(2)下の図より，色のついた部分の面積は直角二等辺三角形 OCD の面積におうぎ形 OAD の面積をたしてから三角形 AOC の面積をひけばよいので，

$6\times6\div2+6\times6\times3.14\div6-9=27.84\,(\mathrm{cm}^2)$

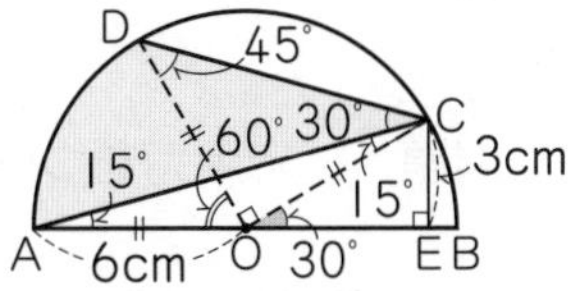

4 (1)レモンのねだんを○，キウイのねだんを□で表すと，

□×4+○×3=380円 ……①

○×3+□×2=265円 ……②

①と②の代金の差から，

○+□=380−265=115(円) ……③

③を 2 倍すると，

○×2+□×2=115×2=230(円) ……④

②と④の代金の差から，

○=265−230=35(円)

(2)(1)より，キウイ 1 個のねだんは 80 円とわかるので，もし，キウイばかり 15 個買ったとしたら代金は 80×15=1200(円) になり，実際の代金 930 円よりも 270 円高くなります。

したがって，買ったレモンの個数は，

270÷(80−35)=6(個)

5 (1)右の図より，番号が 2 増えるといちばん外側の 10 円玉の個数は 4 増えます。10 番目には 10×10=100(個) の硬貨が並んでいて，そのうち 10 円玉は，1+5+9+13+17=45(個) あります。残りの 55 個は 100 円玉だから，

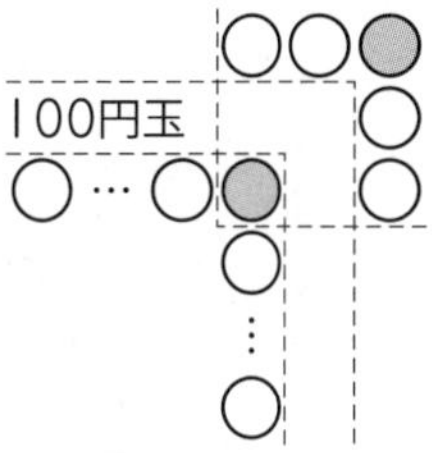

金額の合計は，

10×45+100×55=5950(円)

(2)10 円玉の個数がはじめて 10 の倍数になるのは何番目であるかを調べます。

すると，

1+5+9+13+17+21+25+29=120

が見つかり，これは 15 番目です。

6 2 つの長方形の重なっていない部分の面積の差は，長方形 ABCD と長方形 EFGH の面積の差と等しいので，$12\times9-6\times8=60\,(\mathrm{cm}^2)$ です。

これが 5：1 の比における，5−1=4 にあたります。したがって，長方形 EFGH のうち重なっていない部分の面積は

$60\div4=15\,(\mathrm{cm}^2)$ となります。

したがって，重なっている部分の面積は，

$6\times8-15=33\,(\mathrm{cm}^2)$

7 長いす 1 脚に 6 人がけしたときは，生徒の人数は 2+2+6=10(人) たりません。また，長いす 1 脚に 5 人がけしたときは，3 人あまります。これより，長いすの数は，

(10+3)÷(6−5)=13(脚) とわかり，

生徒の数は，5×13+3=68(人)